강아지가 좋아하는 75가지

KOREDE INU GA MOTTOYOROKOBU 75 NO TAISETSUNAKOTO
© INUMANIALABO 2012
Originally published in Japan in 2012 by Earth Star Entertainment Co., Ltd., TOKYO,
Korean translation rights arranged with Earth Star Entertainment Co., Ltd., TOKYO,
through TOHAN CORPORATION, TOKYO, and EntersKorea Co. Ltd, SEOUL

강아지가 좋아하는 75가지

지은이 : 이누마니아 라보
옮긴이 : 박은희

1판 1쇄 발행일 : 2013. 8. 25.
1판 3쇄 발행일 : 2016. 11. 5.

펴낸이 : 원형준
펴낸곳 : 루비박스
기획 · 편집 : 허문선 · 신동화
마케팅 : 홍수아
등   록 : 2002. 3. 28. (22-2136)
주   소 : (06628) 서울시 서초구 강남대로 309 코리아비즈니스센터 1101
전   화 : 02-6677-9593(마케팅) 02-6447-9593(편집)
팩   스 : 02-6677-9594
이메일 : rubybox@rubybox.co.kr
블로그 : www.rubybox.kr 또는 '루비박스'
페이스북 : www.facebook.com/rubyboxbook
인스타그램 : rubyboxbooks

강아지가
좋아하는
75가지

이누마니아 라보 편저

루비
박스

PART 1 강아지의 일상이 즐거워지는
놀이 & 장난감

PART 2 피곤한 강아지를 위한
마사지 & 미용

PART 3 강아지의 화려한 변신!
패션 & 사진 테크닉

PART 4 건강하고 행복한 강아지를 위한
수제 요리 & 다이어트

COLUMN

머리말

강아지는 자기가 좋아하는 사람과 같이 놀 때, 열심히 꼬리를 흔들고 방긋방긋 웃으면서 온몸으로 기쁨을 표현합니다. 주인은 그런 애견의 모습을 사랑스럽게 바라보며 언제까지고 행복하게 함께하길 바랄 것입니다.

그런 주인들을 위해 강아지를 좀 더 즐겁고 기쁘게 해줄 수 있는 다양한 방법들을 소개합니다.
오늘부터 당장 해볼 수 있는 놀이 법부터 집에 있는 것을 사용해 손쉽게 만들 수 있는 장난감, 지친 강아지의 피로를 풀어 주는 마사지, 그리고 간단하고 맛있는 간식 레시피까지.

강아지를 기쁘게 하는 데 특별한 기술 같은 건 필요하지 않아요. 무엇보다 중요한 건 주인의 사랑과 아이디어랍니다. 이 책이 사랑스런 반려견의 미소를 끌어낼 수 있도록 여러분을 도와드릴 겁니다.

- 이누마니아 라보

차오

보들

멍크

별이

차차

보리

울 애기들~
매일매일 즐겁고
건강하게 지내자~

PART 1

강아지의 일상이 즐거워지는
놀이 & 장난감

 '놀이'는 강아지와 교감하는 중요한 시간

목장의 번견으로, 사냥개로, 썰매 개로…. 과거의 개들은 인간에게 이런 다양한 임무를 받고, 충실히 그에 따르며 살아 왔다.

그러나 현대사회에서 개는 인간에게 있어서 반려동물이며, 가족의 일원이다. 개를 기르는 주인 누구나가 애견에게 쾌적한 잠자리와 맛있는 밥을 준비해 주며, 소중하게 키우고 있을 것이다.

물론 강아지 역시 이런 평온한 일상을 행복해 하고 있을 것이다. 그러나 한편으로는, 가지고 있는 능력을 발휘할 기회가 없다며 따분해 할지도 모른다.

이런 애견들의 운동 욕구나 활동 욕구를 충분히 만족시켜 줄 수 있는 놀이를 통해 스트레스를 마음껏 발산시켜 주자. 강아지는 언제나 어디 재밌는 게 없을까 하고 기웃기웃하고 있기 때문에, 함께 놀아 줄 사람이 나타나면 무척 기뻐한다. 그러니 되도록 많은 시간 강아지와 놀아 주도록 하자. 그러면 강아지는 자신과 함께 놀아 주는 주인을 더욱 좋아하게 될 것이다.

놀이 내용은 성장 단계에 맞게 바꿔 나간다. 강아지에게 있어서 놀이는 '학습'으로 이어지기 때문에, 어릴 때는 사회성을 기르는 데 적합한 서로 장난치기나 잡아당기기 등의 놀이가 좋다. 성견이 되면 견종에 맞는 능력을 발휘할 수 있는 놀이를 하게 해주면 좋다.

여러분의 강아지가 즐거워할 놀이를 찾아 주자!

※ 여기에서 소개하는 놀이는 어느 정도 교육이 되어 있는 강아지가 대상이다. 각 놀이마다 난이도를 표시하였으니 참고하도록 하자.

1

걷다가 뛰다가, 신난다 멍멍!
슬로 & 패스트

준비물: 없음   난이도: ♣ ♣ ♣   기쁨도: ★★★ ☆ ☆

밖에서 키우는 강아지든 집 안에서 키우는 강아지든 하루 한 번은 산책을 시켜 주고 싶은 것이 모든 주인의 마음. 운동을 좋아하는 강아지라면 산책만 해도 충분히 기뻐하지만, 여기에 게임의 성격을 가미해서 조금 특별한 산책에 도전해 보면 어떨까?

'슬로 & 패스트'는 걷는 속도에 변화를 주어 산책에 긴장감을 주는 게임이다. 전봇대나 가로수 등을 기준으로 해서 '전봇대 세 개를 지나면 속도를 바꾼다.'는 규칙을 만들고, 주인과 함께 달리는 즐거움을 맛보게 해주자.

단, 산책 중에 강아지를 마음대로 뛰게 하는 것은 금물이다. 강아지가 놀이를 리드하지 않도록 주인이 주도권을 잡아야 한다.

'슬로 & 패스트'는 어떻게 할까?

산책 중에 걷는 속도를 높여서 잔달음질을 하거나, 일부러 느리게 걷기를 반복한다. 속도를 바꿀 때는 '슬로~', '패스트!' 등의 말을 해주는 것도 좋다!

슬로~

패스트~

Point

강아지의 체격에 맞게 '가로수 3개 거리' 등의 규칙을 만들어서 '슬로' 와 '패스트'를 전환하는 타이밍을 정한다.

2

여름날을 시원하게
요기조기 물총 놀이

준비물: 물총   난이도: ♣ ♣ ♣   기쁨도: ★★★★★

더운 여름날, 강아지가 그늘에 축 늘어져 있다면 '요기조기 물
총놀이'를 해주자. 놀이 방법도 무척 간단하고, 준비물도 물총
하나만 있으면 된다.

물총에 물을 가득 채운 뒤 강아지를 부른다. 애견이 가까이
다가오면 게임 스타트! 물총을 왼쪽 오른쪽으로 여기저기 발
사하면 사냥꾼 본능을 자극받은 강아지는 신이 나서 물을 쫓아
다닌다. 거리는 가까운 곳에서부터 시작해서 천천히 먼 곳으로
늘려가는 것이 좋다. 물의 세기를 조절할 수 있다면 수압을 약
하게 해서 강아지 몸에 쏴 줘도 좋다. 놀이 장소는 넓은 공원이
나 공터, 정원 등 여유롭고 타인에게 피해가 가지 않는 곳을 선
택한다.

'요기조기 물총 놀이'는 어떻게 할까?

물총에 물을 가득 채운 뒤 강아지를 불러서, 왼쪽, 오른쪽으로 이리저리 발사! '뭐지, 뭐지?' 하며 강아지는 정신없이 쫓아다 닐 것이다. 물을 좋아하는 강아지는 물총에서 발사되는 물을 먹고 싶어 하는 경우도 있다.

Point

처음에는 가까운 거리부터 시작해서 천천히 늘려간다(운동을 좋아하는 강아지는 3미터부터, 운동을 싫어하는 강아지는 1미터부터).

3

활동적인 아이에게 안성맞춤
페인트 게임

준비물: 없음 　　　　난이도: ♣ ♣ ♣ 　　　기쁨도: ★★★★★

강아지는 본래 야생에서 사냥꾼으로 살아왔기 때문에 본능적으로 움직이는 것을 뒤쫓는 습성이 있다. 그 습성을 이용한 놀이가 '페인트(운동경기에서 상대방을 속이기 위한 동작-옮긴이) 게임'이다.

　　1. 넓은 공원 등으로 가서 강아지에게 신축성이 좋고 길이
　　　 가 긴 목줄을 채워준다.
　　2. 주인은 달려서 도망가고, 강아지에게 쫓아오게 한다.
　　3. 축구의 페인트 동작처럼 이쪽저쪽으로 움직이며 잡히
　　　 지 않도록 한다.

　단순한 놀이지만 강아지가 무척 재미있어 하고 상당히 흥분한다. 그만큼 주인의 주의가 필요한 게임이기도 하다. 강아지가 으르렁거리거나 이빨을 드러내면 너무 흥분했다는 신호이니 바로 게임을 끝내도록 하자.

'페인트 게임'은 어떻게 할까?

주인이 마치 축구의 공격수처럼 강아지의 강렬한 돌진을 피하듯이 페인트 동작을 하면서 도망간다. 좌우로 왔다 갔다 하면 강아지의 흥분도는 최고조에 이를 것이다!

여기!

여기!

강아지의 목이 너무 당겨지지 않도록 길이 조절이 가능한 목줄을 사용한다.

Point

페인트 게임을 시작할 때는 전용 목줄로 바꿔 주는 등 강아지가 놀이를 하는 것을 알아채기 쉽게 '시작 신호'를 만들어 두면 더 쉽게 적응하고 잘 논다.

4

본능이 꿈틀꿈틀
원반 잡아당기기

준비물: 원반(혹은 과자 등의 뚜껑)　　난이도: ♣♣♣　　기쁨도: ★★★★☆

애견인이라면 누구나 한 번쯤 상상하고 동경하는 것이 '원반던지기'이다. 프리스비의 원반을 던져서 강아지에게 공중에서 물어 오도록 하는 것인데, 매우 고난도 게임이다. 원반던지기를 최종 목표로, 우선은 쉬운 놀이부터 시작해서 차츰 난이도를 높여 가자.

　우선은 원반 위에 간식을 올려 주는 등 강아지가 원반에 익숙해지도록 도와주자. 어느 정도 강아지가 원반에 익숙해지면 '원반 잡아당기기'를 시작한다.

　강아지에게 원반을 보여 주고, 눈앞에서 여기저기 불규칙하게 움직여 준다. 강아지가 원반에 흥미를 갖고 물려고 하면 일단 움직임을 멈추고 '앉아'나 '엎드려'의 지시를 내려서 강아지를 진정시킨다. 그리고 다시 '좋았어!'라고 말해서 물게 한 뒤 잡아당겨 준다.

'원반 잡아당기기'는 어떻게 할까?

프리스비 원반을 강아지의 눈앞에서 이리저리 움직여서 흥미를 유발시킨다. 강아지가 원반을 물려고 하면, 일단 움직임을 멈추고 진정시킨다. 조금 진정되면 다시 물게 한 뒤 서로 잡아당긴다.

처음에는 원반에 간식을 올려 주고 익숙해지게 만든다!

게임의 시작과 끝은 주인이 정한다.

Point

소형견에게는 플라스틱 뚜껑 등 적절한 크기의 물건으로 대용해도 OK!

5

굴러가는 원반을 쫓아라!
대굴대굴 원반

준비물: 원반　　　　　　난이도: ♣♣♣♣　　　　　기쁨도: ★★★★☆

강아지가 원반을 좋아하게 됐다면 2단계, '대굴대굴 원반'에
도전해 보자. 이 놀이는 지면이 평평하고 울퉁불퉁하지 않은
넓은 공간에서 하도록 하자.

처음에는 주인 바로 옆쪽으로 원반을 굴려서 사람 주변에서
노는 습관을 들이는 게 좋다.

익숙해져서 잘 논다면 실전에 돌입하자!

1. 강아지를 옆으로 오게 한 뒤, 원반을 굴려주고 '가져와!'
　지시를 내린다.
2. 강아지가 굴러가는 원반을 쫓아가서 물어 오면 칭찬해 주
　고 상을 준다.

'대굴대굴 원반'은 어떻게 할까?

볼링공을 굴리듯이 세로로 세운 프리스비 원반을 굴려 주고,
강아지에게 물어 오게 한다. 원반이 지면으로 쓰러지기 전에
물어 오도록 하는 것이 중요하다.

처음에는 1.5m 정도부터 시작해서 천천히 거리를 늘려가자!

울퉁불퉁한 지면에서는 원반이 잘 굴러가지 않고, 강아지도 제대로 뛰지 못하므로 위험하다.

Point

처음에는 주인에게 장난만 치고 제대로 놀지 못하는 경우도 있다. 사람 주변에서 노는 습관을 만드는 것이 첫걸음!

6

사냥꾼의 피가 끓어오른다!
원반던지기

준비물: 없음   난이도: ♣ ♣ ♣   기쁨도: ★ ★ ★ ★ ☆

'대굴대굴 원반'을 잘할 수 있게 되면, 드디어 동경하던 '원반
던지기' 연습 시작! 그러나 갑자기 멀리 던지면 강아지가 당황
할 수 있으니 가까운 거리에서부터 시작하자.

　애견에게 원반을 충분히 보여준 뒤 가볍게 던져 주자. 이때
강아지를 원반 착지점보다 조금 앞에서 기다리게 하고, 일부러
강아지의 정면이 아닌 조금 비껴난 방향으로 던지는 것이 요
령이다. 너무 정면으로 던지면 강아지가 점프를 하다가 균형이
깨져서 등부터 떨어질 수 있기 때문이다.

　원반을 가져오면 충분히 칭찬해 주고 상을 주자. 잘하게 되
면 이번에는 강아지가 주인 옆에 있는 상태에서 원반을 던져서
'달려가서 잡아서 돌아오기'에 도전한다.

'원반던지기'는 어떻게 할까?

원반을 던져서 강아지에게 공중에서 잡게 하는 게임. 처음부터
달려가서 점프해서 잡기는 어려우니, 원반이 떨어질 위치에 강
아지를 기다리게 하고 원반을 던져 준다.

주변에 사람이나 다른
강아지가 없는지 확인
하고 놀자.

정면이 아닌,
조금 비껴난
위치에 던져야
원반을 물기 쉽다.

Point

소형견 등 견종에 따
라서는 일반 원반보다
조금 작은 원반이나
과자 뚜껑 등이 적합
한 경우도 있다.

7

주인님이 좋아요, 폴짝폴짝
이리 와, 이리 와 게임

준비물: 리드줄   난이도: ♣ ♣ ♣   기쁨도: ★★★ ☆ ☆

지금까지는 강아지와 사람이 일대일로 노는 게임을 소개했다. 이번에 소개할 것은 강아지 한 마리와 여러 명의 사람이 함께 하는 놀이이다.

이 게임은 두 명 이상이 하는 게임이다. 준비물은 신축성 있는 목줄, 리드줄만 있으면 된다.

1. 강아지의 목걸이에 목줄을 묶는다.
2. 다른 한 사람이 멀리 떨어져서 '이리 와'라고 강아지를 부른다.
3. 강아지가 가면 칭찬해 주고, 이번에는 반대쪽에서 주인이 '이리 와' 하고 부른다.

2와 3을 반복하며 교대로 강아지를 부르면서 천천히 거리를 넓혀 간다. 좋아하는 사람이 불러 주고 칭찬까지 해주면 강아지도 신이 난다.

'이리 와, 이리 와 게임'은 어떻게 할까?

강아지에게 긴 리드줄을 달아주고, 한 사람이 멀리 떨어진 곳에서 부른다. 강아지가 부른 사람에게 가면 충분히 칭찬해 주자. 이번에는 다른 사람이 부르고, 강아지가 가면 또 칭찬해 준다. 가족 전원이 함께해도 재밌다.

1m 정도부터 시작. 10m 이상을 최종목표로!

이리 와~ 이리 와~

주변에 장애물이 없는 장소를 선택한다.

point
불러도 잘 오지 않는 경우에는 애견이 좋아하는 간식이나 장난감을 활용하자.

온 가족 함께 놀자!
수건돌리기

준비물: 손수건, 간식　　　　난이도: ♣ ♣ ♧　　　　기쁨도: ★★★★☆

'수건돌리기'는 온 가족이나, 친구들 등 많은 사람이 함께 즐길
수 있는 게임이다.

  1. 강아지 앞에서 손수건에 간식을 하나 넣고 묶어 준다.
  2. 술래 한 사람을 뺀 나머지 사람들은 모두 둥글게 앉는다.
  3. 술래와 강아지는 원 주변에 선다.
  4. 술래가 원을 돌다가 누군가의 뒤에 손수건을 떨어뜨린다.
  5. 강아지에게 '찾아!'라고 지시를 내려서 뛰게 한다.

  강아지가 떨어져 있는 손수건을 발견해서 가지고 오면, 칭찬
해 주고 손수건 안에 있는 간식을 준다. 술래 역할은 뒤에 수건
이 떨어졌던 사람이 교대로 한다.

'수건돌리기'는 어떻게 할까?

일반적으로 하는 '수건돌리기'의 강아지 판이다. 간식을 넣은 수건을 준비하고, 술래 한 명을 뺀 나머지 사람 모두가 동그랗게 둘러앉는다. 술래는 원 주위를 돌다가 수건을 떨어뜨리고 강아지에게 찾아오게 한다.

Point

강아지가 헷갈리지 않도록 앉아 있는 사람은 움직이지 않는다. 또한 강아지가 보는 앞에서 수건 안에 간식을 넣으면 찾으려는 의욕이 훨씬 높아진다.

9

주인님과 달콤한 스킨십
배 간질이기

준비물: 없음   난이도: ♣ ♣ ♣   기쁨도: ★★★★☆

아무런 도구 없이도 강아지를 즐겁게 해줄 수 있는 놀이가 바로
이 '배 간질이기'이다. 과하게 흥분하는 일 없이 편안한 상태로
할 수 있기 때문에 잘 흥분하는 강아지에게 좋은 놀이이다.

1. 애견을 쓰다듬어 주면서 편안하게 만들어 준다.
2. 강아지가 배를 보이며 발랑 누우면, 양손으로 간질간질 어
   루만진다.

놀이라기보다 강아지와의 소통의 연장이라고도 할 수 있는
데, 주인을 좋아하는 강아지라면 틀림없이 기뻐할 것이다.

배를 간질이는 속도는 빠른 것을 좋아하는 아이도 있고, 천
천히 하는 것을 좋아하는 아이도 있으므로 애견의 반응을 보고
취향에 맞게 해주자.

'간질간질 배 간질이기'는 어떻게 할까?

방 안에서의 휴식 시간. 몸을 쓰다듬어 줄 때 배를 보이면 이때
가 바로 찬스이다! 배를 양손으로 간질간질 간질여 주면 강아
지는 '더 해줘'라며 좋아할 것이다.

> 1. 쉴 때 강아지를
> 쓰다듬어 준다.

편안해

간질~ 간질~

> 2. '좀 더 쓰다듬어 주
> 세요' 라는 신호로 배를
> 보이면, 마음껏 간질여
> 준다.

10

점프력 상승, 친밀감도 상승
점핑 레그

준비물: 없음 난이도: ♣ ♣ ♧ 기쁨도: ★★★★☆

점프를 하는 놀이는 여러 가지가 있지만, 제일 간단하면서 점프를 익히는 데 가장 좋은 것이 '점핑 레그'이다.

1. 주인은 바닥에 다리를 뻗고 앉는다.
2. 강아지 코끝에 간식을 내밀고, '점프' 혹은 '뛰어' 지시를 내린다. 그리고 간식으로 유도해서 다리를 뛰어넘게 한다.

강아지가 잘 뛰어넘으면 충분히 칭찬해 주자.

간식으로 유도하는 건 익숙해지면 생략해도 된다. 쭉 뻗은 다리 위를 가볍게 뛰어넘으면, 무릎을 조금씩 접어서 높이를 높여 간다.

처음부터 높이 뛰게 하면 실패하기 쉽고 무서워하기 때문에 '처음에는 낮게, 점점 높게' 하는 것이 포인트이다.

'점핑 레그'는 어떻게 할까?

강아지에게 '점프' 지시를 내리고, 바닥에 앉아서 쭉 뻗은 다리 위를 뛰어넘게 한다. 점프해서 뛰어넘으면 조금씩 다리를 세워서 높이를 높여 간다.

점프!

처음에는 다리를 뻗은 상태에서 시작한다. 간식으로 유도한다.

점프!

조금씩 더 높게!

가뿐히 뛰어넘을 수 있게 되면 무릎을 굽혀서 높이를 올린다.

11

나는야 강아지 점프 선수
서커스 도그

준비물: 없음(혹은 링 모양의 장난감)   **난이도: ♣ ♣ ♣**   **기쁨도: ★★★★☆**

'점핑 레그'를 잘하게 되면, 응용편인 '서커스 도그'에 도전해
보자. 이것은 서커스 라이온과 같이 공중에 있는 링을 점프해
서 통과하는 놀이이다.

보들

1. 양팔을 이용해서 커다란 링을 만든다.
2. 가볍게 몸을 숙여서, 링을 낮은 위치에 오
   도록 한다.
3. '보들이, 점프!'라고 지시해서 링 안으로 뛰
   게 한다.

'점핑 레그'를 어느 정도 잘하는 아이라도 링을 통과하는 것
은 무서워하기 쉽다. 그럴 경우 처음에는 링을 바닥에 붙이고
그 위를 넘는 정도만 해도 좋다. 링을 통과하도록 유도해 주지
않으면 뛰지 못하는 경우는 조교가 나설 차례! 간식을 들고 링
너머에서 강아지를 부르면 성공률이 훨씬 높아진다.

'서커스 도그'는 어떻게 할까?

양팔을 이용해서 큰 원을 만든 뒤, 강아지 이름을 부르고 '점프' 지시를 내린다. 강아지가 링 안을 잘 통과하면 상을 준다. 처음에는 링을 바닥에 붙인 위치부터 시작한다.

point

강아지를 앉게 한 위치에서 두세 걸음 떨어진 위치에 링을 만들면 뛰어넘기 쉽다.

12

주인과 함께 호흡이 척척
8자 돌기 & 지그재그 걷기

준비물: 없음   난이도: ♣ ♣ ♣   기쁨도: ★ ★ ★ ★ ☆

산책을 할 때 주인 옆에 붙어 잘 걷는 강아지는 '8자 돌기'와 '지그재그 걷기'를 재미있어 할 것이다.

　'8자 돌기'를 하는 방법은,

　1. 주인은 양발을 적당히 벌리고 선다.
　2. 간식을 이용해서 발 사이를 8자 형태로 유도해서 빠져나 오게 한다.

성공하면 간식을 주고 칭찬해 준다.

　'8자 돌기'에 성공하면 이번에는 '지그재그 걷기'에 도전! 천천히 큰 폭으로 걷는 주인의 다리 사이를 강아지가 8자 형태로 지그재그로 걷는 난이도 높은 기술이다. '8자 돌기'와 마찬가지로 간식으로 유도하면 성공률이 높아진다.

'8자 돌기 & 지그재그 걷기'는 어떻게 할까?

양발을 넓게 벌리고 서서, 간식으로 강아지를 유도하면서 다리 사이를 8자로 빠져나가게 한다. 간식을 강아지 눈앞에 오게 해서 간식을 뒤쫓게 하는 것이 요령이다. 가능해지면 천천히 전진한다.

8자 돌기
강아지에게 간식을 보여 주면서 다리 사이를 8자 모양으로 통과하게 한다.

지그재그 걷기
걷고 있는 주인의 다리 사이를 8자를 그리듯 걷게 한다. 주인은 되도록 보폭을 크게 해서 천천히 걷는다.

 Point
보폭이나 걷는 속도는 애견의 페이스에 맞춘다.

13

강아지와 함께 춤을
룰루랄라 도그 댄스

준비물: 음악 　　　　 난이도: ♣ ♣ ♣ 　　　 기쁨도: ★ ★ ★ ☆ ☆

도구 없이 집에서 즐겁게 할 수 있는 놀이 중에 도그 댄스도
빼놓을 수 없다. 도그 댄스는 본래 캐나다에서 시작된 스포츠
의 일종으로 음악에 맞춰 주인과 강아지가 함께 춤을 추는 경
기이다. 특히 음악을 좋아하는 강아지에게 좋으며, 주인과 함
께 즐길 수 있다는 점이 도그 댄스의 매력이다.

　본래는 고도의 훈련을 통해 음악에 맞춰 강아지에게 스텝을
밟게 하지만, 여기에서 소개하는 도그 댄스는 어디까지나 놀이
이니 좋아하는 곡에 맞춰 같이 움직이는 정도만으로도 좋다.
처음에는 음악을 틀어 놓고 앞발을 들어 움직여 주거나, 눈앞
에서 춤을 춰 보이거나 해서 흥미를 끌어내는 것이 중요하다.
애견과 함께 스텝을 밟거나, 함께 돌거나 하는 일도 절대 불가
능한 일은 아니다.

'룰루랄라 도그 댄스'는 어떻게 할까?

음악을 들려 주면 노래를 따라 부르거나 신나 하는 아이에게 좋은 놀이다. 강아지가 좋아하는 음악을 틀어 놓고, 주인의 움직임을 따라하도록 좌우로 스텝을 밟는다.

뼈가 약한 아이는 두 발로 서지 않도록 주의!

POINT

처음에는 음악을 틀어 놓은 상태에서 강아지의 손을 잡고 움직여 준다. 주인의 움직임을 따라하는 걸 좋아하는 아이라면 눈앞에서 춤을 춰 보이거나, 간식으로 유도해도 좋다.

14

찾는 즐거움, 쫓는 즐거움
숨바꼭질 술래잡기

준비물: 없음   난이도: ♣ ♧ ♧   기쁨도: ★★★ ☆ ☆

'숨바꼭질 술래잡기'는 숨바꼭질과 술래잡기를 합친 놀이이다.
기본적으로 강아지가 술래가 된다.

1. 강아지에게 '기다려' 지시를 내리고 주인은 그
   자리를 떠난다.
2. 꼭꼭 숨은 뒤에 '좋아' 또는 '차차야!' 하고 지
   시를 내려서 강아지에게 찾게 한다.

차차

　강아지가 열심히 찾고 있는 것 같으면 살짝 얼굴을 내밀거
나 똑똑 소리를 내서 강아지에게 힌트를 주자. 발견됐을 때 살
짝 도망가는 시늉을 하면, 강아지는 더욱 좋아한다.

　이 놀이에서 주의할 것은 강아지를 진지 모드로 만들지 않
는 것이다. 자칫하면 놀이 모드에서 '사냥 모드'로 스위치가 전
환될 수 있기 때문에 어디까지나 놀이라는 걸 충분히 이해시
켜 줘야 한다.

'숨바꼭질 술래잡기'는 어떻게 할까?

숨바꼭질과 술래잡기를 합한 것이다. 강아지에게서 멀리 떨어진 주인이 얼굴을 내밀거나, 소리를 내거나 해서 숨어 있는 장소의 힌트를 준다. 강아지에게 발각되면 도망가는 시늉도 해준다.

숨는 장소는 같은 층이나 거실 등으로 공간을 한정한다.

Point

처음에는 살짝 보이는 정도가 딱 좋다. 바로 발견될 것 같으면 벽장에 숨거나 이불을 뒤집어쓰는 등 조금씩 숨는 장소를 어렵게 하자.

15

놀자고 하다가 죽기 살기로?
레슬링 놀이

준비물: 없음   난이도: ♣ ♣ ♣   기쁨도: ★★★★★

'레슬링 게임'은 강아지의 스트레스를 발산시키는 데 무척 좋은 놀이이다. 이름 그대로 주인과 강아지가 바닥 위를 뒹구는 게임이다. 구체적인 방법은,

1. 강아지에게 '앉아' 지시를 내린다. 잘 따르면 칭찬해 주고 강아지를 가볍게 굴려서 '레슬링 게임'을 시작한다.
2. 강아지가 좋아하면 위에 올라타거나, 몸 위로 올리거나 하면서 논다.

 이 놀이에서는 주인이 주의해야 할 규칙이 세 가지 있다. 첫째, 놀이의 시작과 끝의 신호를 만들어서 주인이 주도권을 줄 것. 둘째, 강아지의 상태를 잘 관찰하고, 진지해지기 전에 놀이를 끝낼 것. 셋째, 반드시 주인의 승리로 끝낼 것. 이 세 가지이다. 강아지가 자기가 주인보다 상위라고 착각하지 않게 하기 위해서이다.

'레슬링 놀이'은 어떻게 할까?

강아지에게 '앉아' 지시를 내리고, 잘 따르면 일단 칭찬해 준 뒤 강아지를 바닥에 굴려서 놀이 신호로 삼는다. 그 후는 레슬링을 하는 것처럼 바닥을 뒹굴며 놀면 된다.

흥분하기 쉬운 놀이이기 때문에 원래 화를 잘 내는 아이와는 하지 않는 게 좋다.

Point

''앉아'를 시킨 후 바닥에 굴리기' 등 강아지와 주인만의 시작 신호와 끝 신호를 만들자.

16

모든 강아지들이 좋아해
쭉쭉 줄다리기

준비물: **로프(혹은 손수건)**　　　난이도: ♣ ♣ ♣　　　기쁨도: ★★★★★

방 안에서 할 수 있는 간단한 놀이 중 어떤 강아지나 좋아하는 놀이로 줄다리기를 빼놓을 수 없다. 준비물은 30센티미터 정도 길이의 두껍게 꼰 로프 한 줄만 있으면 된다. 한쪽을 주인이 잡고, 또 한쪽을 강아지에게 물게 해서 서로 당기는 게임이다.

강아지가 소형견인 경우는 손수건이나 수건, 거즈 등 부드러운 소재를 사용하자. 특히 이빨이 새로 나는 시기(4개월 이후)에는 주의해야 한다.

그리고 강아지가 너무 흥분해서 로프를 물고 놓지 않아도 억지로 빼지 않는다. 오히려 이런 행동이 강아지를 더욱 흥분하게 만들기 때문이다. 그럴 때는 주인이 로프를 자신의 다리 쪽으로 당겨 쥔 채 가만히 있도록 한다. 그대로 잠시 기다리면 강아지가 로프를 놓을 것이다.

'쭉쭉 줄다리기'는 어떻게 할까?

강아지가 좋아하는 놀이 중 하나인 줄다리기. 로프나 손수건 등 강아지의 크기나 나이에 맞는 소재를 사용해서 줄다리기를 한다. 강아지가 물고 놔주지 않으면 움직임을 멈추고 스스로 놓을 때까지 기다리자.

구분해서 사용하자!

소형견   성견

부드러운 손수건 등   꼬인 로프

사용이 끝난 놀이 도구는 강아지 눈에 닿지 않는 곳에 정리하자!

point

으르렁거리거나 머리를 흔들면 흥분이 고조되었다는 신호이다. 놀이를 중단하고 로프를 놓게 한다.

17

강아지 두뇌 트레이닝
정답은 어느 걸까?

준비물: 장난감(2~3개)　　　난이도: ♣ ♣ ♣　　　기쁨도: ★ ★ ★ ☆ ☆

'대굴대굴 원반(26페이지)' 등 '가져와'를 잘하게 된 아이에게는
머리를 쓰는 난이도 높은 놀이로 수준을 높여 보는 건 어떨까?
좋아하는 장난감 두세 개만 있으면 준비는 끝이다.

1. 바닥 위에 장난감을 늘어놓는다.
2. 1미터 정도 떨어진 위치에 강아지를 데리고 가서 '개구리
   를 가져 와' 등 구체적인 물건의 이름을 넣어 '가져와' 지
   시를 내린다.
3. 강아지가 틀리면 '노~'라고 말해서 틀렸다는 것을 가르쳐
   주고, 정답 장난감을 가져오면 과장해서 칭찬해 주고 간
   식을 준다.

움직이지 않는 물건을 집어 오기만 하는 것만이 아니라, 단
어를 듣고 분간해야 하는 상급 테크닉이 필요하기 때문에 잘
못하는 것이 당연하다. 끈기를 가지고 놀아 주자.

'정답은 어느 걸까?'는 어떻게 할까?

토끼나 개구리, 차 등 다양한 형태의 장난감을 늘어 놓고, '개구리를 가져 와!' 등 한 종류만 가져오도록 지시를 내린다. 슈나우저처럼 단어를 잘 기억하는 아이가 재미있어 할 것이다.

개구리

이름이 짧은 장난감으로만 한다.
1미터 정도 거리를 둔다.

point
평상시에 대화를 자주 하면서 단어를 많이 들려 주면 정답률이 높아진다.

18 후각을 이용해 간식을 얻자!
찾아라, 콩콩!

준비물: 콩(Kong, 안에 간식을 넣어 주면 갖고 놀면서 간식을 먹는 장난감-옮긴이)과 천

난이도: ♣ ♣ ♧

기쁨도: ★★★★☆

'찾아라, 콩콩!'은 장난감을 숨기고 강아지에게 찾게 하는 게임의 초급편이다. 음식을 넣어서 후각을 자극시킬 수 있는 장난감(Kong 등) 한 개와 큼직한 천 한 장을 준비하자.

1. 바닥에 천을 펼치고, 그 아래에 장난감을 숨긴다.
2. '찾아' 지시를 내려서 강아지에게 찾게 한다.

강아지가 놀이 방법을 익힐 때까지는 강아지가 보는 앞에서 간식을 채운 뒤 장난감을 숨긴다. 처음에는 바로 발견할 수 있도록 일부러 장난감 끝을 천 밖으로 살짝 보이게 하는 것이 좋다.

잘 찾으면 '잘했어!'라고 칭찬해 주고 쓰다듬어 준다. 익숙해지면 좀 더 어려운 곳에 숨기면서 난이도를 높여 간다.

'찾아라, 킁킁!'은 어떻게 할까?

큼직한 천을 바닥에 펼치고 장난감을 숨긴 뒤에 강아지에게 냄새로 장난감 위치를 찾게 하는 게임. 처음에는 눈앞에서 감추는 것부터 시작하고, 천천히 난이도를 높인다.

> 장난감
> 위에
> 천을 덮고!

Point
'찾아!' 지시는 집에서 평상시에 쓰는 단어를 사용한다.

> 찾을 수
> 있으려나?

실내놀이

19

먹보 강아지는 소집중!
찾아라, 보물찾기

준비물: 손수건, 간식　　　　난이도: ♣ ♣ ♣　　　　기쁨도: ★★★★☆

'찾아라, 쿵쿵!(52페이지)'의 응용편이라고도 할 수 있는 '찾아라, 보물찾기'. '찾아라, 쿵쿵!'과 마찬가지로 강아지에게 무언가를 찾게 하는 게임이지만, 감추는 물건이 늘고 감추는 장소와 범위도 넓어진다. 또한 감추는 방법도 다양해지므로 난이도가 훨씬 높은 놀이이다.

1. 간식을 넣고 꽉 묶은 손수건 혹은 간식을 넣을 수 있는 장난감을 준비한다.
2. 1을 서랍 속에 넣거나 의자 위에 올려 두고, '찾아와'라고 지시를 내린다.

강아지가 잘 찾아오면 '잘했어!'라고 칭찬해 주고, 속에 있는 간식을 주자. 이 놀이도 역시 처음에는 강아지 눈앞에서 간식을 넣고 감추는 것부터 시작하면 빨리 이해할 것이다.

'찾아라, 보물찾기'는 어떻게 할까?

손수건 속에 간식이나 음식을 넣은 뒤, 서랍 속이나 의자 위,
방석 아래 등 방 여기저기에 숨기고 찾게 한다. 먹보라면 분명
정신없이 열중할 것이다.

몸의 높이보다
높은 장소도 좋다.

발이 들어갈 정도
로 열려있으면 찾
기 쉽다.

Point

손수건 속에 간식을 넣는 모습을 보여 주면 강아지의 의욕도 상승한다!

실내놀이

20

간식 시간이 더욱 즐거워진다!
내 간식 어딨지?

준비물: 종이컵, 간식　　　　난이도: ♣ ♣ ♣　　　　기쁨도: ★★★★☆

'우리 보리는 머리가 정말 좋아!'라며 애견을 자랑하는 주인에게 추천하고 싶은 놀이가 '내 간식 어딨지?'이다.

　준비할 것은 종이컵 세 개와 간식 조금이다.

1. 강아지에게 '기다려' 지시를 내리고, 눈앞에 간식을 하나 놓아둔다.
2. 간식 위에 종이컵을 거꾸로 뒤집어씌우고, 그 옆에 종이컵 두 개를 나란히 뒤집어 놓는다.
3. 두어 번 천천히 섞어준 뒤에 '어디 있을까?'라고 말하고 찾게 한다.

보리

　강아지가 잘 찾아내면 충분히 칭찬하고 간식을 준다. 종이컵 대신 손수건을 사용해도 좋다. 이 경우에는 강아지가 보지 않는 사이에 간식을 넣은 손수건과 아무것도 들어 있지 않은 손수건을 함께 보여 주고 선택하게 한다.

'내 간식 어딨지?'는 어떻게 할까?

강아지 눈앞에 간식을 놓고, 종이컵을 뒤집어씌워서 감춘다. 종이컵 두 개를 나란히 뒤집어 놓고 천천히 섞어준다. 냄새를 맡아 정확히 찾아내면 안에 든 간식을 준다.

어디 있을까?

종이컵 대신 손수건을 사용해도 OK.

Point

코를 사용하지 않고 발로 종이컵을 쓰러뜨리려고 하면 우선 52페이지의 '찾아라, 킁킁!'으로 훈련시키자.

21

강아지도 주인도 화기애애
살랑살랑 꼬리 흔들기

준비물: 티슈(혹은 손수건)　　　난이도: ♣ ♣ ♣　　　기쁨도: ★★★★★

여러 명이 모여 있을 때는 '살랑살랑 꼬리 흔들기'를 해보자.
티슈 한 장을 준비한다.

　1. 강아지 꼬리에 느슨하게 티슈 한 장을 묶는다.
　2. 한 사람당 제한 시간을 1분으로 정하고, 시간 내에 쓰다듬거나
　　　장난감으로 놀아 주는 등 강아지가 기뻐하는 일을 해준다.
　3. 꼬리를 많이 흔들게 해서 티슈를 떨어뜨린 사람이 승리!

　꼬리에 티슈를 묶었을 때 강아지가 싫어한다면 억지로 하지
말자. 묶는 강도도 느슨하게 하도록 한다.
　사실 사람들이 즐거워하는 게임이지만, 강아지도 많은 관심
을 받게 되기 때문에 분명 즐거워할 것이다.

'살랑살랑 꼬리 흔들기'는 어떻게 할까?

티슈를 준비해서 애견 꼬리에 느슨하게 묶어 준 뒤, 참가자 한 사람당 1분씩 쓰다듬거나 놀아 주는 등 강아지가 좋아하는 일을 해준다. 꼬리에서 티슈를 떨어뜨리게 한 사람이 승리.

조신스럽게 묶어야지~

티슈를 강아지 꼬리에 묶는다. 대형견은 손수건을 이용하자.

잘 했어 ♡

1분 동안 꼬리를 많이 흔들게 해서 티슈를 떨어뜨린다.

59

장난감

22 페트병 콩과 봉투 도시락

준비물: 페트병, 봉투, 간식   난이도: ♣ ♣ ♣   기쁨도: ★★★★★

◎ '페트병 콩'을 만드는 법

집이 비었을 때 강아지 혼자 얌전히 놀 수 있게 도와주는 장난
감으로는 역시 콩이 제격이다. 콩도 집에 있는 물건을 이용해
직접 대용품을 만들 수 있다.

1. 350밀리미터 정도 크기의 빈 페트병과 가위를 준비한다.
2. 페트병 입구에 붙어 있는 링 모양의 플라스틱을 가위로 잘라낸다.

이게 전부이다. 페트병 안에 간식을 두세 조각 넣어 주면 간
단하게 콩이 완성된다. 다만 강아지에 따라 씹는 힘이 강해서
페트병을 씹어먹는 아이가 있으니, 처음에는 주인이 보는 곳에
서 놀게 한다.

60

◎ '봉투 도시락' 만드는 법

주인 없이 혼자 집을 지키는 강아지를 위한 또 하나의 아이디어 물건이 이 '봉투 도시락'이다.

1. 봉투를 4장 정도 준비해서 각각의 봉투에 간식을 조금씩 넣고 봉한다. 이때 봉투는 살짝 열어 두자.
2. 외출 전에 '봉투 도시락'을 바닥 여기저기에 놓아둔다.

이렇게 해두면 봉투 안에서 나는 냄새를 따라 강아지가 보물찾기를 시작한다. 봉투 사이즈는 강아지가 통째로 삼키지 않을 만한 크기로 선택한다.

만들어 보자! '페트병 콩'

플라스틱 링과
뚜껑을 제거한다

간식을 넣는다

23 물어뜯기 공과 소리 나는 삑삑이

준비물: 낡은 양말, 펠트, 솜, 삑삑이   난이도: ♣ ♣ ♣   기쁨도: ★★★★☆

◎ '물어뜯기 공' 만드는 법

강아지는 주인 냄새가 나는 물건을 좋아한다. 낡은 양말을 이용해 공을 만들어 주자.

1. 낡은 양말 한 쌍을 준비한다.
2. 양말 한 짝을 둥글게 말아서 다른 한 짝 속에 넣는다.
3. 윗부분을 바짝 묶고, 묶은 부분을 뒤집은 뒤 다시 묶기를 반복해서 동그랗게 만든다.

주인 냄새가 나는 데다가 이빨에 적당히 걸리기 때문에 신나게 가지고 놀 것이다. 다만 양말로 만들어졌다는 걸 눈치채면 다른 양말도 가지고 놀려고 하기 때문에 강아지가 보는 앞에서는 만들지 않도록 한다.

◎ '소리 나는 장난감 삑삑이' 만드는 법

소리가 나는 장난감은 모든 강아지가 좋아한다. 물면 소리가
나는 장난감을 만들어 주자.

1. 원하는 형태로 자른 펠트 두 장을 겹쳐서 3/4 정도 꿰매 준다.
2. 안에 누르면 소리가 나는 작은 쿠션과 솜을 넣고 나머지 부분
   을 꿰매서 입구를 봉한다.

완성되면 강아지가 보는 앞에서 장난감을 눌러서 소리 내는
모습을 보여 주고 놀이법을 이해시킨다.

만들어 보자! '소리 나는 삑삑이'

솜

바늘

재봉선이 신경 쓰
인다면 솜을 넣기
전에 뒤집어 준다!

삑삑이

24 호스 링과 터널 박스

준비물: 호스, 빨래집게, 박스, 테이프　　난이도: ♣ ♣ ♣　　기쁨도: ★★★☆☆

◎ '호스 링' 만드는 법

강아지에게 링을 통과하게 하거나 잡아당기기 놀이용으로 쓰는 등, 집에 하나쯤 있으면 편리한 장난감이 '호스 링'이다.

1. 1.5미터 정도(강아지의 몸높이에 맞춘다)로 자른 고무호스와 빨래집게를 준비한다.
2. 호스를 둥글게 말아 링 형태로 만들고, 빨래집게로 고정하면 완성!

　강아지가 가지고 놀 때는 빨래집게 주위를 주인이 잡아서 링이 풀리지 않도록 한다. 조금 튼튼하게 만들고 싶다면 비닐 테이프로 둘둘 말아 링을 고정하는 것도 좋다.

◎ '터널 박스' 만드는 법

강아지는 고양이처럼 좁은 곳을 보면 들어가고 싶어 하는 습성
은 없지만, 놀다 보면 터널 통과하기를 좋아하게 되는 경우가
있다. 그런 아이들에게 터널을 만들어 주자.

   1. 슈퍼 등에서 헌 박스 몇 개를 구해 온다.
   2. 박스의 위아래 면을 잘라내고, 테이프로 고정시켜서 연결한다.

   간단하게 완성! 터널의 크기는 강아지의 체구에 맞게 조절
하자.

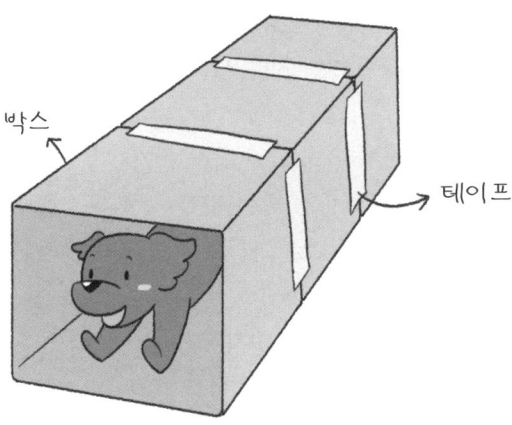

만들어 보자! '터널 박스'

박스

테이프

25 혼자 놀기의 달인 붕붕 장갑 공

준비물: 장갑, 고무줄   난이도: ♣♣♧   기쁨도: ★★★★☆

혼자서도 즐겁고 안전하게 놀 수 있는 장난감, '붕붕 장갑 공'을 만들어 보자. 재료는 낡은 장갑 한 쌍과 고무줄 등 신축성 있는 끈 한 줄(40~50센티미터)이다.

1. 장갑을 겹친 상태에서 뒤집어서 공 모양으로 만든다.
2. 장갑 공에 고무줄을 동여맨 뒤 꽉 묶어 준다.

고무줄을 강아지 우리 끝에 묶어 주면 준비 완료이다.
좋아하는 주인 냄새가 나는 장갑 공에 흥미를 보인 강아지가 공을 물고 다른 곳으로 가려고 하면 공이 붕 하고 튕겨져서 깜짝 놀랄 것이다.
처음에는 당황하겠지만 여기저기 공이 튕기는 것을 재밌어 하며 질리지 않고 오래 놀게 된다.

낡은 장갑 한 쌍과 고무줄로 혼자서도 재미있게 놀 수 있는 공을 만들자. 겹친 장갑을 뒤집은 뒤에 고무줄로 동여매 주면 완성!

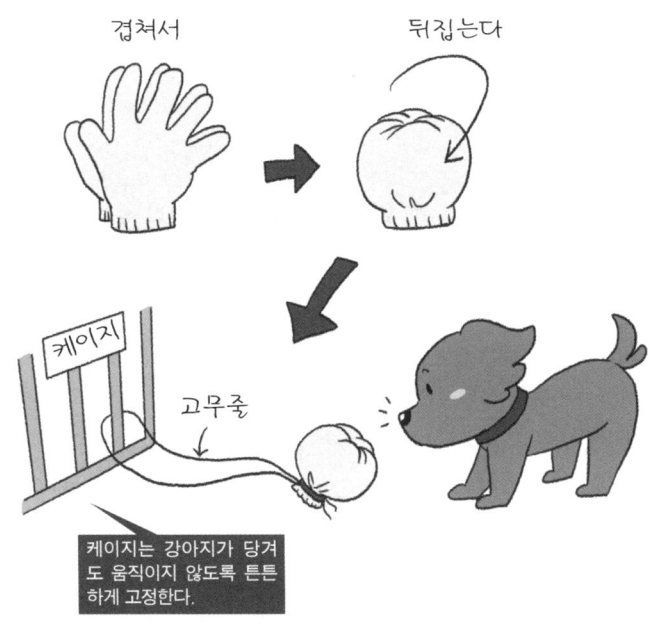

겹쳐서

뒤집는다

케이지

고무줄

케이지는 강아지가 당겨도 움직이지 않도록 튼튼하게 고정한다.

Point

장갑이 풀리지 않도록 고무줄로 확실하게 묶어 주자. 케이지는 움직이지 않게 잘 고정한다.

기운 넘치는 강아지도 대만족!
플라잉 베어

준비물: 인형, 가는 목줄　　　난이도: ♣ ♣ ♣　　　기쁨도: ★★★ ☆ ☆

강아지와의 놀이는 체력 싸움이다. 기운 넘치는 애견과 많이 놀아 주고 싶지만, 체력이 받쳐 주지 못해 고민이라면 '플라잉 베어'를 만들어 주자.

준비물은 곰 인형(강아지가 좋아하는 인형이라면 무엇이든 좋다)과 가는 목줄 한 개(1미터 이상)이다. 만드는 법은 무척 간단하다. 인형의 몸통 부분에 목줄을 동여매 주면 완성이다.

강아지와 함께 넓은 장소로 나가서 목줄 끝을 꽉 잡고 왼쪽 오른쪽으로 크게 흔들며 인형을 움직여 준다. 주인이 움직이지 않아도 강아지는 인형을 따라 열심히 뛰어다니며 오랫동안 즐겁게 놀 수 있다. 움직임에 변화를 주는 것이 요령!

에너지 넘치는 반려견을 마음껏 놀게 해주고 싶은 주인을 위한
장난감이 바로 이것! 강아지가 좋아하는 인형에 가는 목줄만
달아 주면 완성이다.

혹시 강아지가 맞아도 위
험하지 않도록 부드럽고
가벼운 인형을 사용하자!

point

마룻바닥을 끌거나 공중에서 돌리는 등 강아지의 사냥꾼 기질을 자극시켜 보자!

27 뛰어라 날아라 강아지! 부드러운 허들

준비물: 조인트, 랩 심, 빨래집게, 스펀지 봉　　난이도: ♣ ♣ ♣　　기쁨도: ★★★ ☆ ☆

'부드러운 허들'은 점프를 잘하는 강아지에게 만들어 주면 좋은 장난감이다.

조인트(오른쪽 그림 참조)와 빨래집게 두 개, 랩 심 네 개, 스펀지로 된 봉(50센티미터 정도)을 준비한다.

1. 4개의 랩 심을 2개씩 테이프로 연결한다.
2. 조인트에 랩 심을 꽂는다. 이때 단독으로 잘 서는지 확인하자.
3. 각각의 랩 심에 빨래집게를 달고, 그 위에 스펀지 봉을 올리면 완성!

랩 심 대신에 화장실에서 쓰는 압축기로 대용해도 좋다.

랩 심과 조인트를 이용해 만든 다리에 스펀지로 된 봉을 올려서 간이 허들을 만들자.

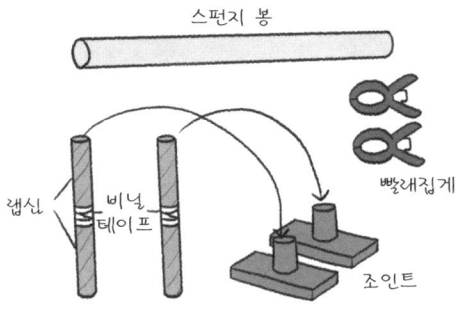

스펀지 봉

랩심   비닐
       테이프

빨래집게

조인트

Point

강아지의 진행 방향에서 봤을 때 뒤쪽에 바를 올려놓는다. 점프에 실패해도 바에 걸리지 않아 안전하다.

PART 2

피곤한 강아지를 위한
마사지 & 미용

 강아지도 피곤할 때가 많아요

가사나 일로 정신없이 바쁠 때, 문득 '강아지는 먹고, 자고, 놀고, 속 편하게 사는구나.'라고 생각한 적 있지 않은가? 그런 그들의 모습을 보며, 어깨 결림 같은 건 저 녀석들하고는 아무 상관없겠구나 하고 생각했을 것이다.

하지만 사실 그렇지 않다. 강아지는 식사 시간이나 산책 시간 등 모든 일상을 주인의 생활 패턴에 맞추고 있으며, 가족과 집을 안전하게 지키기 위해 위협 요소가 있는지 긴장하고 있다. 그렇기 때문에 자신도 모르는 사이에 스트레스가 쌓이고, 근육이 뭉쳐 있는 강아지가 의외로 많다. 그러니 정기적으로 마사지를 해주고 기분 전환을 시켜 주자.

인간도 그렇지만, 마사지를 하면 혈액과 림프액의 순환이 좋아지고 긴장됐던 근육이 풀리면서 편안해진다. 또한 신진대사가 활발해져서 면역력이 높아지고 병에 잘 걸리지 않게 된다.

그리고 종종 마사지를 하면서 몸을 많이 만져 주면 혹이나 습진 등 몸에 나타난 가벼운 이상도 바로 눈치챌 수 있다는 이점도 있다.

무엇보다 마사지를 할 때 주의해야 할 점은 너무 세게 하지 말아야 한다는 것과 강아지의 마음과 반응을 최우선으로 해야 한다는 것이다. 강아지에게는 '아프지만 기분 좋아'라는 감각이 없기 때문에 싫어하는 것 같으면 바로 멈추도록 하자. 또한 강아지의 컨디션이 좋지 않은 날에도 자제하는 게 좋다.

마사지를 하는 주인이 지나치게 힘이 들어가 있으면 강아지도 편안해질 수 없다. 심호흡을 한 번 하고 어깨에 힘을 빼고서 시작하는 것이 요령이다. 마사지를 통한 스킨십으로 강아지와의 교감도 깊어진다.

※ 이 책에서 예로 든 대상은 중형견에서 대형견이다. 소형견의 경우는 세 손가락으로 하는 것을 두 손가락으로 하는 등 체격에 맞게 응용하길 바란다.

28 피로 회복과 위장에도 좋은 등 마사지

강아지는 산책을 좋아한다. 애견 운동장 도그 런이나 공원에 가면 물 만난 고기처럼 활기차게 뛰어다닐 것이다. 하지만 그런 에너지 넘치는 강아지도 사실은 피곤하다.

특히 등은 피로가 쌓이기 쉬운 부위이므로 밖에서 마음껏 뛰논 날에는 마사지로 피로를 풀어 주자.

등 마사지의 구체적인 방법은 다음과 같다.

1. 강아지에게 '엎드려' 자세를 시키고, 주인은 강아지 뒤쪽으로 간다.
2. 앞다리 허벅지의 연장선상에 해당하는 등뼈 옆에 엄지(소형견은 검지 사용)를 댄다.
3. 수직을 유지하며 아래쪽으로 힘을 주면서 2초 정도 눌러 준다.
4. 꼬리 쪽을 향해 천천히 위치를 옮겨가면서 마사지를 반복한다.

엄지를 수직으로 대고 힘을 준다. 머리에서 꼬리 방향으로 지압을 해나간다.

이 마사지는 뭉친 등 근육을 풀어주고 피로를 해소시켜 줄 뿐만 아니라, 혈액순환을 촉진시켜 주고 위장을 건강하게 하는 효과도 기대할 수 있다. 식욕이 부진한 강아지나 추위를 많이 타는 강아지에게도 좋다.

지압 마사지 외에 검지, 중지, 약지 세 손가락 끝의 볼록한 부분으로 같은 장소에 원을 그리듯 마사지를 해줘도 좋다. 자신의 강아지가 좋아하는 방법으로 마사지해 주자.

긴장을 해소하고 편안하게 **목 마사지**

네 발로 걷는 강아지는 사람에 비해 몸의 높이가 낮기 때문에 자주 주인을 올려다보게 된다. 애견이 자신을 올려다보는 건 주인에게는 너무도 귀여운 모습이지만, 사실 강아지에게는 조금 괴로운 동작이다. 근육에 부담이 되기 때문이다.

또한 강아지는 무서움을 느끼면 위축되어 목 근육이 긴장을 한다. 그래서 성격이 예민한 강아지나 몸의 높이가 낮은 소형견은 특히 목이 자주 뭉친다. 피로가 쌓인 강아지의 목을 마사지로 풀어 주면 어떨까.

1. 강아지의 뒤쪽에서 머리 꼭대기 부분을 만져 두개골의 형태를 확인한다. 그런 뒤 아래쪽으로 내려와서 등뼈가 시작되는 가장 위쪽 뼈와 머리가 이어지는 부분을 찾는다.

1. 등뼈와 머리가 이어지는 부분을 찾는다.
2. 그 부근을 원 마사지해 준다.
3. 목의 양옆의 근육을 1분 정도 원 마사지해 준다.

2. 그 부분을 검지와 중지, 약지를 사용해서 원을 그리듯이 1분 정도 마사지한다. 천천히 원의 크기를 줄여 가며 마사지한다.
3. 강아지에게 위쪽을 보게 한 뒤, 마찬가지로 세 손가락을 사용해서 목 안쪽을 원 마사지 해준다. 이때 기관을 누르지 않도록 주의한다.

목의 양옆에 있는 근육은 몸을 지탱하는 역할을 하고 만성적으로 뭉쳐 있는 곳이니 신경 써서 마사지해 준다. 소형견의 경우는 엄지 혹은 엄지와 검지 두 손가락을 사용하도록 하자.

전신이 편안해지는 귀 마사지

강아지는 고양이에 비해 적극적이고 붙임성이 좋은 동물이지만 모든 강아지가 다 사교적인 것은 아니다. 특히 소심한 강아지는 산책 중에 맞닥뜨린 커다란 개가 짖어대거나, 낯선 사람이 집을 방문하기만 해도 바짝 긴장하곤 한다.

강아지는 긴장을 하면 꼬리와 다리, 귀 등 몸의 끝 부분에 특히 힘이 들어가는 특징이 있다. 힘이 들어가면 근육이 사용되고, 자주 긴장하는 소심한 강아지는 그 부위에 피로가 쌓이기 쉽다.

특히 귀는 앞으로 내리거나 뒤로 뒤집는 등 감정에 따라 수시로 움직이기 때문에 피로해지기 쉬운 부분이다. 가볍게 할 수 있는 귀 마사지로 애견의 긴장을 풀어 주도록 하자.

5초 정도 천천히

귀는 움켜쥐지 말고 엄지와 검지로 부드럽게 쥐고 마사지하자.

1. 강아지를 편안히 눕히고 귀 안쪽을 엄지와 검지로 부드럽게 잡는다.
2. 힘을 주면서 귀의 끝 부분을 향해 천천히 손가락을 미끄러뜨리듯 마사지한다.
3. 만지는 위치를 조금씩 바꿔 가며 5회 정도 반복한다.

손가락을 움직일 때 작은 원을 그리듯이 마사지를 해도 좋다. 검지로는 귀를 받치고 엄지로 원을 그리듯 마사지하는 것이 요령이다.

종종 이렇게 귀 전체를 풀어 주면 귀에 있는 혈이 자극되어 전신이 편안해진다.

31 구름 위를 걷는 기분! 어깨 마사지

강아지에게 어깨 결림이 있다고 하면 이상하게 들릴지도 모른다. 그러나 강아지의 자세를 따라 네 발로 서 보면, 생각 이상으로 팔뚝에서 어깨 부위가 피로해지는 것을 금방 느낄 수 있을 것이다.

네 발로 다니는 강아지는 항상 엎드려 팔굽혀펴기를 하고 있는 상태이기 때문에, 어깨가 뭉치는 건 오히려 당연하다고 할 수 있다.

그런 강아지에게 어깨를 부드럽게 풀어 주는 마사지로 일상의 피로를 말끔히 없애 주자. 방법은 매우 간단하다.

1. 강아지를 옆으로 눕힌 후 그림과 같이 왼손으로 강아지의 다리를 안쪽에서 받쳐 주고 오른손으로 감싸듯이 어깻죽지 주변에 손바닥을 댄다.

어깨의 원 마사지(10초 정도)가 끝나면, 양손으로 다리를 들어 어깨를 움직여 준다.

2. 왼손을 움직여 보고 어깨 근육의 움직임이 느껴지면 오른손을 사용해서 어깨 주변을 10초 정도 원을 그리듯 마사지해 준다.
3. 양손으로 다리를 들어서, 어깨를 뒤쪽으로 천천히 당겨 준다.
4. 이번에는 3의 동작을 반대로 앞쪽으로 당겨 준다.
5. 마지막으로 다리를 움직였을 때 돌출되는 견갑골 주변을 원 마사지로 주물러서 풀어 주면 끝이다.

이 마사지는 어깨부터 앞발의 관절까지를 부드럽게 풀어 주어 피로를 해소해 주는 효과가 있다.

또한 강아지와의 친밀감도 높아지니 자주 해주면 좋다.

다리의 피로를 풀어 주는
허벅지 살 쭉쭉 당기기

하루 종일 서있거나 격렬한 운동을 한 날은 누구나 다리에 피
로가 쌓인다. 그러면 보통 퉁퉁 부은 근육을 주물러서 붓기를
빼주곤 한다.

이런 현상은 강아지 다리에도 똑같이 일어난다. 애견이 주저
앉는 횟수가 늘어나거나 편안한 자세를 찾아 자꾸 앉은 자세를
바꾼다면 다리가 피곤하다는 신호이다. 그럴 때는 허벅지와 발
목의 근육을 풀어 주는 마사지를 해주자.

1. 강아지를 서게 하고 주인은 옆에 선다.
2. 오른손으로 강아지를 잡고, 왼손은 엄지가 위를 향하도록 해서
   강아지의 왼쪽 허벅지 부분을 쥔 뒤, 살을 끌어올리고 3초 유
   지한다.
3. 끌어올린 살을 이번에는 3초 정도 원래 위치로 끌어내린다.

강아지의 허벅지와 발목 피부를 끌어올리는 마사지.
소형견의 경우는 엄지, 검지, 중지 세 손가락으로 한다.

4. 이어서 발목을 쥐고, 1~2와 같이 살을 들어 올렸다가 내려놓
  는다. 왼쪽 다리가 끝나면 반대쪽으로 가서 오른쪽 다리도 마
  찬가지로 해준다.

이 마사지는 끌어올린 살을 천천히 내려놓는 것이 포인트이
다. 중력과 반대 방향으로 살을 들어 올림으로써 관절과 근육
의 긴장을 풀어 주는 효과가 있기 때문에 많이 뛰어논 날에 해
주면 특히 좋다.

마사지

33 냉증을 물리치는 발가락 벌리기

강아지는 구두나 양말을 신지 않는다. 따라서 언제나 아스팔트나 땅, 마룻바닥 등 지면의 냉기를 직접적으로 느끼고 있다. 당연히 강아지의 발바닥은 몸통에 비해 냉해지기 쉽고, 실제로도 만져 보면 다른 부위에 비해 싸늘하다.

이런 이유로 강아지 중에는 숨은 냉증을 가진 아이가 많다. 애견의 발끝을 마사지해서 일상의 피로를 풀어줌과 동시에 혈액순환을 촉진시켜서 다리를 따뜻하게 해주자.

1. 강아지를 옆으로 눕히고 발끝을 잡는다.
2. 강아지의 발가락과 발가락 사이에 양손 엄지를 넣고 하나하나 가볍게 벌려 준다.
3. 이번에는 한 손으로 발목을 잡고, 다른 한쪽 손의 엄지를 이용해 육구(개, 고양이, 곰 등 동물의 발바닥에 있는 털이 없이 맨살이

발가락 하나하나를 벌려 주면 혈액순환이 좋아지고 몸이 따뜻해진다.
힘의 강도는 강아지의 표정을 보고 조절하자.

드러난 부분-옮긴이) 부분을 주물러 준다. 이때 상처가 없는지
도 체크하자.

반드시 강아지를 옆으로 눕힐 필요는 없다. 강아지가 가장
편안해 하는 자세를 찾아서 해주면 된다.
발가락을 벌리는 마사지든 육구를 주물러 주는 마사지든, 강
아지의 표정이나 반응을 관찰하면서 하는 것이 중요하다. 나른
한 눈으로 만족스런 얼굴을 하고 있다면 강아지가 기뻐하고 있
다는 증거이다.

알다시피 본디 개는 밖에서 생활해 왔다. 그 때문에 강아지의 몸의 구조는 야산을 뛰어놀기에 적합하도록 만들어져 있다.

그런데 현대의 생활 환경은 아스팔트로 포장된 도로 위를 걷고, 마룻바닥 위에서 점프를 하는 나날의 연속이다. 그 결과 허리 쪽에 부담이 집중되고, 근육은 쉽게 피로해진다. 미끄러운 거실 바닥에서 버티고 서려다 허리를 다치는 강아지들도 있다.

이런 사고를 막기 위해서는 평소에 허리를 띄워 주는 리프트 마사지를 해서 피로가 쌓이지 않도록 해주는 것이 좋다. 방법은 다음과 같다.

뒷다리가 뜨지 않도록 힘을 조절하면서 강아지의 몸을 들어 올린다.
소형견에게 할 때에는 특히 조심조심!

1. 강아지를 서게 하고 옆에 선 뒤, 배 아래로 양손을 넣어 손바닥
   이 위쪽을 향하도록 깍지를 낀다.
2. 몸이 세게 조여지거나 늑골에 힘이 가해지지 않도록 주의하면
   서 몸통을 가볍게 끌어올린다. 강아지의 뒷다리가 바닥에서 뜨
   지 않도록 한다.
3. 그 상태로 3초 유지한 후 천천히 내려놓는다.

소형견의 경우 주인은 앉은 상태에서 실시한다. 가볍다고 몸
을 공중으로 들어 올리지 않도록 주의하자.

마사지

35
소화 기능을 높여 주는
문질문질 배 마사지

몸을 기능하게 하는 장기가 모여 있는 배는 강아지를 비롯한 모든 생물에게 최고의 약점이라고 할 수 있는 부위이다. 강아지가 주인에게 배를 보이는 것은 진심으로 신뢰하고 있기 때문이다.

한정된 상대에게만 보이는 부분이므로 더욱 강아지의 마음에 귀를 기울여 정성껏 관리해 주자.

1. 강아지를 옆으로 눕히고 왼손의 엄지와 나머지 네 손가락으로 강아지의 배를 잡는다. 오른손으로 등을 받쳐 주면 편안해 할 것이다.
2. 힘을 빼고 천천히 1분 정도 주물러 준다. 대형견의 경우는 자세를 바꿔서 좌우 측면에서 한쪽씩 마사지를 한다.

부드럽게

1분

손가락으로 배를 찌르지 않도록 주의하자.
민감한 부분이니 부드럽고 조심스럽게.

　앞서 말한 것처럼 배는 매우 민감한 부분이므로, 최대한 부드럽게 마사지하는 것이 포인트이다.

　'쓰다듬는 것보다 강하게, 주무르는 것보다 약하게'를 기본으로 강아지의 반응을 살피며 조절한다. 그리고 손가락 끝으로 배를 찌르지 않도록 충분히 주의를 기울이도록 하자.

　이 마사지는 피로회복을 비롯해, 위장이 약해졌을 때 소화흡수를 좋게 해 주는 효과가 있다.

강아지의 매력 포인트!
빙글빙글 꼬리 마사지

강아지의 꼬리는 신체 구조상 달릴 때 몸의 균형을 잡는 키잡이 역할을 하고 있다. 그리고 또 하나 중요한 역할이 감정 표현이다. 강아지는 꼬리로 그때그때의 자신의 마음을 직접적으로 표현한다.

예를 들면 주인과 함께 있을 때 등 기분이 좋을 때는 꼬리를 살랑살랑 흔들고, 긴장을 하면 바짝 세우고, 무서울 때는 다리 사이로 착 감춘다.

이처럼 강아지의 꼬리는 언제나 쉬지 않고 일을 하고 있다. 그만큼 힘이 들어가 있는 시간이 많고 긴장하기 쉽다. 부드럽게 마사지를 해서 긴장을 풀어 주자.

1. 강아지를 옆으로 눕히고, 주인은 강아지의 등 중앙 지점 옆에 앉는다.

당기는 마사지를 한 후에는 꼬리를 세우는 마사지로 꼬리의 방향을 정리해 주자.

2. 꼬리를 가볍게 잡고, 시계 반대 방향으로 돌려 준다.

3. 꼬리 시작 부분에서 꼬리 끝 쪽으로, 늘려 주는 느낌으로 스르륵 부드럽게 당겨 준다.

4. 꼬리의 긴장이 조금 풀리면, 이번엔 꼬리 앞쪽을 잡고 좌우로 흔들면서 머리 쪽을 향해 세우듯이 올려 주는 동작을 2~3번 한다.

강아지의 반응을 보면서 부드럽게 만져 주자. 애견은 피로가 싹 풀리는 느낌을 받을 것이다.

강아지의 얼굴을 귀엽게!
귀요미 안면 마사지

주인에게 응석을 부리면서 귀를 뒤로 젖히거나, 뭔가를 조르면서 눈을 위로 떠 보이거나, 화가 나서 이빨을 드러내거나. 강아지는 다양한 표정을 보여 준다.

이런 풍부한 표정은 강아지의 매력 중 하나라고 할 수 있다. 마사지로 표정 근육을 풀어 주어 애견의 귀여운 매력을 더욱 빛나게 해주는 건 어떨까?

우선 강아지를 앉게 하고 주인도 옆에 앉고 시작한다.

1. 왼손을 강아지의 턱에 대고, 오른손 검지 마디를 사용해서 코 끝에서 머리를 향해 천천히 10회 정도 부드럽게 눌러 준다.
2. 검지와 중지를 이용해 측두부에서 관자놀이, 귀 앞의 근육 주변을 원을 그리듯이 1분 정도 마사지한다.

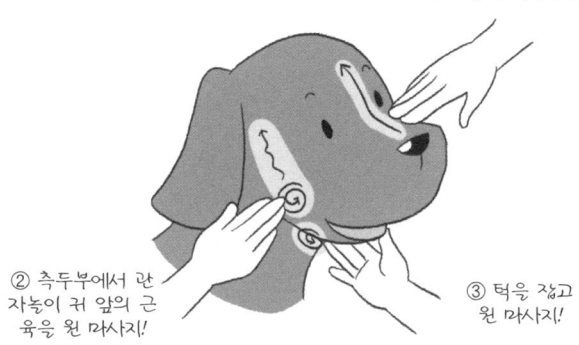

① 코 끝에서 머리을 향해 부드럽게 어루만진다(10회)

② 측두부에서 관 자놀이 귀 앞의 근 육을 원 마사지!

③ 턱을 잡고 원 마사지!

턱 마사지를 할 때에는 머리가 움직이지 않도록 한 손으로 받쳐 주면 수월하다.

3. 끝으로 턱 마사지를 해준다. 오른손으로 머리를 누르고, 왼손 검지와 엄지로 턱을 가볍게 잡고 원을 그리듯 1분 정도 마사지 해 준다.

이 얼굴 마사지는 두부에서 얼굴까지의 긴장을 풀어 주는 효과가 있다. 마사지의 강도는 강아지마다 다르므로 자신의 애견에게 가장 알맞은 강도를 찾아 주자. 눈을 가늘게 뜨고 나른한 표정을 지으면 힘의 강도가 적절하다는 의미이다.

 강아지도 깔끔해지면 기분이 좋아요

진흙탕 속을 뒹굴거나, 빗속을 달리는 등 강아지는 자신의 몸이 더러워지든 말든 신경 쓰지 않는다고 생각하는 주인이 많을 것이다.

하지만 사람이 목욕을 하거나 미용실에 다녀오면 기분이 상쾌해지는 것처럼 강아지도 몸이 청결하고 털이 잘 정돈되어 있으면 기분이 매우 좋아진다.

애견이 가장 행복한 기분을 느낄 수 있도록 평소에 세심하게 손질을 해주자. 예를 들면 온몸을 덮고 있는 털을 보송보송 복슬복슬하게 해주는 브러싱은 빠진 털이나 비듬이 제거될 뿐 아니라, 브러시의 자극이 지압 효과를 주어 강아지의 기분 전환에도 좋고 마음도 편안하게 해준다.

또한 강아지가 스스로 손질할 수 없는 눈이나 귀, 발톱도 꼼꼼하게 신경을 써야 한다. 강아지도 인간과 마찬가지로 눈에

눈곱이 끼면 시야에 걸려 불편하고, 귓속이 지저분해지면 불쾌
감을 느낀다. 이를 방지하고 애견이 쾌적하게 지낼 수 있도록
평상시 신경 써서 관리해 주면 강아지의 행복 지수는 높아질
것이다.

그리고 그루밍(grooming, 몸 손질, 관리)은 사람과 강아지의 커
뮤니케이션에도 최적이어서 매일매일 규칙적으로 관리해 주면
애견과 주인의 신뢰감과 정도 두터워지게 된다.

보통 전신 미용은 전문 애견 미용사에게 맡기는 게 보통이
지만, 이번 기회에 셀프 애견 미용에 도전해 보자. 손질이 서투
른 사람을 위한 도움말도 있으니 참고하길 바란다.

※ 강아지는 한 번 아픈 경험을 하면 관리를 하게 해주지 않기 때문
에, 억지로 강요하는 건 절대 금물이다. 강아지의 반응을 살피면서 천천
히 손질하고, 싫어하는 것 같으면 중지한다.

강아지의 털에 맞는 브러싱 방법

털이 긴 종이라면 푹신푹신한 인형과 같은 사랑스러움을 연출해 주고, 털이 짧은 종이라면 벨벳과 같은 최고의 감촉을 느끼게 해준다. 이처럼 털의 질에 따라 차이는 있지만 털은 강아지의 커다란 매력 중 하나이다. 강아지의 귀여움의 근원이라고도 할 수 있을 정도다.

그러나 털도 관리를 소홀히 하면 매력이 절감된다. 특히 브러싱은 단순히 털의 오염을 제거하고 털이 엉키지 않게 해주는 것만이 아니라, 피부를 자극하고 혈액순환을 좋게 해주는 장점도 있기 때문에 매일 빠뜨리지 않고 해주는 것이 좋다.

브러싱 방법은 털의 길이에 따라 달라진다. 비글을 비롯한 털이 짧은 종은 털이 난 방향과 반대 방향으로 털이 서도록 빗질을 해서 더러운 것이 위로 올라오도록 한 뒤 털의 결에 따라 브러싱을 해주는 것이 좋다.

반면, 푸들이나 시추 등 털이 긴 종은 강아지의 몸 전체를 상부(등)와 하부(발과 배)로 나누어, 하부를 먼저 정리한 뒤 상부로 이동하면 쉽게 브러싱 할 수 있다. 일단 브러시로 털끝을 풀어준 뒤 모근 가까이로 브러싱을 해 나가는 것이 포인트이다.

그리고 마무리로는 코밍combing을 해준다. 브러싱과 마찬가지로 콤(강아지용 빗)을 사용해서 몸 아래쪽을 빗겨 준 후에 위로 이동한다. 털끝에서 모근 쪽으로 이동하면서 빗질을 해주면 윤기 나게 마무리된다.

브러시나 콤을 싫어해서 빗질을 할 수 없는 강아지 때문에 곤혹스럽다면 앞서 소개한 콩 등의 장난감을 이용해 보자. 무릎 위에 간식을 채운 콩을 올려 놓으면 애견은 콩에 열중할 것이다. 열심히 물어뜯으며 놀고 있을 때 재빨리 브러싱을 해준다.

털 길이에 따른
올바른 브러시 선택법

간단한 털 손질법을 소개했는데 브러싱과 코밍을 하려면 그에 맞는 손질 도구가 필요하다. 그러나 손질 도구의 종류가 너무 많아서 브러시 하나를 선택하는 것도 쉬운 일이 아니다. 털의 질이나 길이에 맞게 도구를 선택해서 써야 하는데, 대충 골라서 쓰면 애견에게 맞지 않아서 제대로 손질할 수 없기 때문이다.

털이 짧은 종의 경우, 털 밑이 바로 피부이기 때문에 브러시 부분이 짧고 부드러운 소재로 만들어진 고무 브러시나 짐승털 브러시를 선택하는 것이 좋다.

털이 긴 종류는 핀 브러시가 적합하다. 핀 브러시도 핀의 길이가 다양한데, 강아지의 털 길이보다 긴 것으로 선택하도록 한다.

콤은 기본적으로 털이 긴 종에게 잘 맞는다. 이것도 촘촘한

핀 브러시　슬리커 브러시　콤
짐승 털 브러시　고무 브러시　벼룩제거 콤

정도나 길이가 다르므로 애견의 털의 질이나 체형에 맞는 것을 찾도록 하자.

벼룩 제거 콤은 벼룩 제거용의 촘촘한 콤이다. 일반적인 콤 대용으로는 사용할 수 없으니 겸용으로는 쓰지 않도록 한다.

슬리커 브러시는 푸들과 같이 털이 긴 개의 털을 폭신하게 띄워 주거나, 털이 뭉친 것을 떼어내기에 좋다. 너무 힘을 주면 털이 끊어지거나 피부에 상처가 날 수 있으니 주의해서 사용하자.

40 봄 여름 가을 겨울 계절별 브러싱

인간은 계절에 따라 옷을 갈아입는다. 실은 강아지도 계절의 변화에 맞춰 자기 나름대로 온도 조절을 하고 있다. 애견을 1년 동안 관찰해 보면 봄에서 여름 사이에 한 번, 가을에서 겨울 사이에 한 번, 1년에 두 번 털이 심하게 빠지는 걸 알 수 있다. 이런 털갈이 철에는 특히 세심하게 주의를 기울여 관리를 해줘야 한다.

봄은 겨울털이 빠지고 여름털이 새로 나는 때이다. 불결해지기 쉽고 피부병에도 자주 걸리므로 여느 때보다 더욱 꼼꼼하게 브러싱을 해주자. 브러싱을 확실하게 해주면 신진대사가 활발해지고, 건강하고 아름다운 피부를 유지할 수 있다.

5월 이후에서 여름 사이는 진드기나 벼룩이 붙는 계절이다. 산책에서 돌아오면 바로 브러싱 해주는 습관을 들이도록 하자.

강아지를 실내에서 기르고 있다면 하우스나 깔개 등 강아지가 생활하는 공간의 청소를 철저히 한다. 벼룩 제거 샴푸로 정기적으로 샴푸를 해주면 더욱 좋다.

가을에는 겨울에 대비해서 언더코트(undercoat, 동물의 겉 털 아래에 자라는 속 털)가 자라므로 꼼꼼하게 브러싱을 해준다. 이 시기 자주 마사지를 해주어 혈액순환을 도와주면 대사가 높아져서 언더코트의 성장이 활발해진다.

또한 겨울은 겨울털이 새로 나는 시기여서 많은 양의 털이 빠진다. 청소하기 힘들어지기 전에 슬리커 브러시 등을 사용해서 빠진 털을 꼼꼼하게 제거해 주자.

이처럼 계절에 맞는 손질을 해주면 주인과 강아지 모두가 행복하고 쾌적하게 생활할 수 있다.

41 가위는 NO! 털 뭉치 해결법

항상 브러싱을 잘 해주었는데, 귀 뒷부분에서 털 뭉치 발견! 이런 경험이 있는 주인이 적지 않을 것이다. 털 뭉치의 정체는 엉킨 털이 덩어리진 것이다. 내버려두면 더 커져서 어디서부터 어떻게 풀어줘야 할지 난감해진다. 최악의 경우, 세균이 번식해서 피부병이 생길 수 있으므로 털 뭉치를 발견하면 바로 처리해 주어야 한다.

이제 털 뭉치 관리 방법에 대해 알아볼 텐데, 혹시 가위로 털 뭉치를 싹둑싹둑 잘라내고 있지는 않은가? 이건 잘못된 방법이다. 털의 길이가 들쑥날쑥해지고 털의 성장을 방해하기 때문이다.

그럼 어떻게 하면 좋을까? 정답은 '풀어 준다'이다. 애견을 위해서도 털 뭉치는 인내심을 가지고 풀어 주는 것이 좋다.

우선 털 뭉치에 콤의 끝을 집어넣는다. 그리고 콤 끝을 조금씩 움직이면서 풀어 나간다. 이때 힘을 줘서는 안 된다. 억지로 털 뭉치를 잡아당기면 강아지가 통증을 느끼므로 부드럽게 풀어 주자.

그래도 잘 풀리지 않는다면 손가락 끝을 이용해서 조금씩 풀어간다. 콤과 손가락을 번갈아가며 풀어주면 털 뭉치는 대부분 풀린다.

그래도 안 될 경우는, 이때는 가위가 등장할 차례이다. 그러나 털 뭉치를 잘라내서는 안 된다. 털 뭉치에 세로로 가볍게 칼집을 넣어준 뒤 다시 콤으로 부드럽게 풀어 주자. 털 뭉치 관리의 기본은 '첫째는 부드럽게, 둘째는 끈기'이다.

눈 주변, 발바닥에 난 털은 어떻게 할까?

털이 짧은 종에 비해서 털이 긴 종은 털이 금세 자라기 때문에, 덥수룩해지기 전에 정기적으로 트리밍(triming, 커트)을 해줘야 한다.

전문 애견 미용사에게 맡기는 게 가장 좋지만, 여러 마리를 키우는 가정이나 일 때문에 집을 비우는 일이 잦은 가정에서는 미용실에 자주 가기가 쉽지 않다. 이런 경우 털이 자라면 강아지의 생활에 불편이 생기는 몇 군데만이라도 주인이 보조적으로 커트를 해주자.

트리밍에 사용하는 도구는 미용 가위와 커트 가위와 숱 가위, 콤이다. 커트 가위란 털의 길이를 고르게 잘라 주는 가위를 말한다. 사용 시에는 피부에 상처가 나지 않도록 날 끝을 몸에 비스듬히 오도록 하는 것이 요령이다.

털의 흐름과 반대쪽으로 움직이면서 잘라 주면 들쑥날쑥 잘리는 것을 막을 수 있다. 커트 가위로 대충 길이를 맞춰준 뒤 숱 가위를 이용해서 털의 양을 조절해 준다. 원하는 길이보다 조금 길게 자르면 실패 확률이 적다.

시야를 가리는 눈 주변의 털은 강아지의 얼굴을 가볍게 누른 상태에서 콤으로 원을 그리듯 털을 잡아 올려준 뒤 가위의 끝을 이용해 커트한다. 다음으로 대변이 달라붙어서 세균이 번식하고 염증을 일으킬 수 있는 항문 주변의 털은 꼬리를 부드럽게 잡아 올려준 뒤, 항문에 걸리는 털을 제거하자.

마룻바닥에서 미끄러지는 원인이 되기 쉬운 발바닥 사이와 주변의 털은 다리를 꽉 잡고 육구에서 삐져나온 털을 잘라낸다.

강아지가 무서워하지 않도록 부드러운 분위기에서 말을 걸어주면서 자르면 안심하고 몸을 맡겨 줄 것이다. 또한 주인의 마음은 강아지에게 전해지게 되어 있다. 강아지가 불안해 하지 않고 마음에 여유를 가질 수 있도록 애견 미용사의 기술을 눈여겨본 뒤에 도전하도록 하자.

미용

43 빠금 빠금~ 발톱 깎기는 속도전!

강아지의 몸 관리 중 주인이 어려워하는 대표적인 것이 발톱 깎기일 것이다. 강아지의 발톱 속에는 신경과 혈관이 지나고 있어서, 조금만 실수를 하면 피가 나거나 강아지가 아파하기 때문에 부담을 느끼기 쉽다.

그리고 주인과 마찬가지로 강아지 역시 발톱 깎기를 싫어한다. 발톱 깎기를 보기만 해도 패닉 상태가 되어 날뛰는 아이도 적지 않다.

패닉을 일으키는 원인은 강아지마다 다양하다. 과거에 발톱을 너무 바짝 잘려서 아팠던 기억이 있는 아이도 있고, 발톱을 자를 때의 발톱 깎기 소리를 싫어하는 아이도 있다.

발톱 깎기를 싫어하지 않게 하기 위해서는 어릴 때부터 발톱 깎기에 익숙해지도록 하는 것이 가장 좋은데, 어느 정도 나이가 되어도 싫어하는 경우는 다음과 같이 해보길 바란다.

1. 강아지를 쓰다듬거나 이야기를 걸어 안정시켜 준다. 소형견은 뒤에서 안아 주면 안심할 것이다.
2. 발톱 깎기를 시야에 보이지 않도록 하고 발톱을 하나만 잘라 본다. 잘 참고 얌전히 있으면 듬뿍 칭찬해 준다. 이때 싫다는 반응을 보이지 않는다면 하나 더 잘라 보고, 난폭해진다면 그 만두도록 하자.

아무리 해도 잘되지 않는다면, 간식 등으로 강아지의 정신을 분산시켜서 그 사이에 재빨리 끝내는 것도 방법이다. 가족들에게 도움을 받아 노는 데 집중하고 있을 때 자르는 것도 좋다. 또한 시간이 오래 걸리면 공포심이 길어지기 때문에 재빨리 자르는 것도 중요하다.

44

면봉이 아닌 거즈로!
건강한 귀 관리법

의외로 강아지가 병원을 찾는 가장 흔한 이유는 귀 관련된 질병 때문이라고 한다. 귓속에 이물질이 들어가거나 진드기가 기생한 채 방치되어 외이염이나 중이염과 같은 염증에 걸리는 경우가 적지 않다. 특히 털이 길거나 귀가 처진 견종은 통풍이 잘 되지 않아서 먼지 등이 쌓이기 쉽고 병에 걸리기 쉬운 경향이 있다.

이를 방지할 수 있는 유일한 방법은 스스로 청소하지 못하는 강아지를 대신에 평소에 주인이 관리를 해 주는 것이다.

간단한 관리 방법을 알아보도록 하자.

1. 손가락에 거즈를 이중~삼중으로 말아준 뒤, 물이나 귀 전용 로션을 묻힌다.

2. 귀를 넓게 벌리고, 더러운 부분을 거즈로 닦아 낸다. 거즈는 더 러워지면 바로바로 바꿔 준다.

포인트는 힘의 강도이다. 너무 문지르면 염증을 일으킬 수 있으므로 문지르지 말고 '닦아 낸다'는 느낌을 잊지 않도록 하자. 또한 면봉은 귀의 내벽에 상처를 내거나 이물질을 안으로 밀어넣을 수도 있으므로 거즈나 탈지면을 사용하는 것이 좋다.

그리고 관리 전에 애견의 귀에 이상이 없는지 체크하는 습관을 들이도록 하자. 악취가 나진 않는지, 귀지가 끼진 않았는지, 귀지가 있다면 어느 부분인지 그리고 염증이 생기진 않았는지를 꼼꼼히 확인한 뒤에 관리에 들어가자.

귀의 구조는 견종에 따라 다르기 때문에 수의사나 애견 미용사의 의견을 듣는 것이 좋다. 강아지의 반응을 잘 살펴서 어디까지 본인이 청소할 수 있는지 파악하는 것도 중요하다.

45 바둥바둥 강아지를 위한
양치질 노하우

귀 관련 질병의 발생률 못지않게 이빨을 비롯한 입안의 병도 발생률이 높다. 3세 이상의 강아지의 80%가 크고 작은 관련 병에 걸려 있다고 한다.

'우리 별이는 덴탈 껌을 씹게 해서 괜찮아'라면서 방치했다가는 병에 걸릴 위험이 있으므로 정기적으로 양치질을 시켜 주는 것이 좋다.

별이

양치질하는 방법은 다음과 같다.

1. 거즈를 검지에 말아 물에 조금 적신다.
2. 가제의 냄새를 맡게 하고, '이걸 쓸 거야'라고 강아지에게 알린다.
3. 먼저 중지를 사용해서 머리, 코, 입술 위 순서로 가볍게 마사지 한다.

4. 강아지를 뒤에서 안아서 한쪽 손으로 턱을 받치고, 가볍게 입
   술을 들어 올려서 이빨을 문질러 준다.

여기에서의 포인트는 '시작하기 전에 거즈의 냄새를 맡게
해서 익숙하게 해준다'이다. 갑자기 입안으로 정체 모를 물건
이 들어오면 깜짝 놀라기 때문에, 이 과정을 꼭 해줘야 한다.
또 너무 오랫동안 손가락을 입안에 넣고 있지 않도록 주의한
다. 조금 문지르고 멈추고, 목과 턱 아래를 쓰다듬어서 안정시
키고, 안정되면 다시 문지르기를 반복하면 양치에 대한 저항이
적어진다. 처음에는 완벽하게 양치하기보다 강아지에게 입안
을 만지는 것을 익숙하게 하는 것을 목표로 하자.
   그래도 잘 되지 않는다면 이번에도 콩이 나설 차례이다. 로
프가 달린 콩 안에 치약을 발라 준 뒤 물어뜯게 한다. 놀이를
좋아하는 아이라면 로프를 주인이 들고 서로 잡아당기기를 해
도 좋다. 놀면서 양치할 수 있는 면으로 된 공을 사용하는 것도
방법이다.

46 산책 후 더러워진 발바닥을 닦아 주는 요령은?

강아지를 밖에서 키우는 가정이라면 그다지 문제가 되지 않겠지만 실내에서 기르는 강아지의 경우 산책을 한 후 집에 들어오면 반드시 발을 닦아야 한다. 그러나 발 닦기가 간단해 보여도 의외로 어렵고, 애견이 격렬하게 저항을 하는 탓에 제대로 하지 못하는 주인도 적지 않다. 다리가 들어 올려진 것에 불안을 느낀 강아지가 주인을 물려고 하거나, 놀이라고 착각해 수건을 갖고 장난을 치는 등 강아지가 자꾸 움직이면 발을 닦기가 쉽지 않기 때문이다.

그러면 어떻게 하면 강아지가 저항하지 않게 하면서 끝낼 수 있을까. 능숙하게 발을 닦아 주는 요령을 소개하겠다.

1. 강아지를 서있게 한 뒤 옆에 앉아서 등과 배를 쓰다듬으며 안정시킨다.

2. 강아지의 마음이 안정되면 한쪽 손을 턱에 대고, 다른 한쪽 손으로 허벅지에서 발목을 향해 천천히 쓰다듬어 간다.
3. 강아지가 싫어하지 않는 것 같으면 다리를 들어 올려서 물티슈 등으로 재빨리 발을 닦아 준다.

여기에서는 강아지를 세우고 옆에서 감싸 안는 방법을 소개했지만, 어떤 자세라도 상관없다. 강아지가 가장 편안해 하는 자세를 선택하자.

또한 발바닥은 건조하거나 비타민이 부족하면 갈라지기 쉬우므로, 발을 닦은 후에는 전용 크림이나 비타민이 함유된 연고로 관리해 주는 것이 좋다.

발바닥만이 아니라, 측면이나 발가락 사이도 잊지 말자! 관리는 매일 빼놓지 말고 계속해 주도록 한다.

PART 3

강아지의 화려한 변신!
패션 & 사진 테크닉

 반려견을 위한 액세서리를
만들어 보세요

애견 숍을 가거나 인터넷을 보면 다양한 종류의 애견용 패션
아이템이 판매되고 있다. 파는 물건을 강아지에게 사주는 것도
좋지만 가끔은 간단한 아이템을 직접 만들어 주는 건 어떨까?

시중에서 판매되는 상품은 애견에게 딱 맞는 사이즈를 찾기
어렵다고 느끼는 사람들도 많을 것이다. 그런 사람들에게는 특
히 핸드메이드가 제격이다. 주인의 애정이 담긴 특별한 액세서
리를 선물하면 강아지도 틀림없이 마음에 들어 할 것이다. 또
만드는 동안 주인도 즐겁고 보람도 느낄 수 있다.

다만 강아지에게 사이즈가 맞지 않는 액세서리는 그저 부담
스럽고 거추장스러운 물건일 뿐이다. 그러므로 액세서리를 만
들 때에 무엇보다 중요한 포인트는 치수 재기이다. 목둘레, 팔
둘레 등의 사이즈를 확실하게 재도록 하자. 푸들이나 포메라니
안과 같이 털이 보송보송한 강아지는 가볍게 털을 누르고 재도

록 한다.

치수재기가 끝나면 형태를 만든다. 그리고 본격적으로 만들기 전에 가봉을 해서 미세한 부분을 조정해 주면 실패하지 않는다. 천이나 재료는 가능한 천연 재료를 사용하면 혹시 강아지가 물어뜯더라도 안심할 수 있다.

그럼, 지금부터 반려견을 위한 간단한 홈메이드 액세서리를 소개하겠다. 뒤로 갈수록 점점 어려워지므로 자신의 능력에 맞게 하나씩 도전해 보길 바란다.

※ 이 책은 표준 M 사이즈(중형견)의 강아지를 기준으로 하고 있다. 소형견, 대형견 등 다른 사이즈의 아이는 체형에 맞게 조절한다.

47

리본 테이프로 만드는
핸드메이드 목줄

준비물: 나일론 테이프(폭 2cm) 50cm, 리본 테이프(폭 1.8cm) 60cm, 벨크로 테이프(폭 2cm) 2cm짜리 한 쌍

1. 나일론 테이프의 양 끝을 1센티미터 정도 안으로 접은 뒤 꿰매서 고정한다. 그리고 나일론 테이프 바깥쪽에 리본 테이프를 겹쳐 준 뒤 바느질한다. 이때 리본 테이프의 양 끝은 나일론 테이프보다 길어도 상관없다.

2. 삐져나온 리본 테이프의 양쪽 끝을 안으로 접어 넣고, 나일론 테이프와 함께 바느질한다.

3. 강아지의 목에 둘러 보고, 적절한 사이즈의 양 끝에 각각 벨크로 테이프(찍찍이)를 꿰매 준다. 벨크로 테이프끼리 붙을 수 있도록 한쪽은 안쪽에, 또 한쪽은 바깥쪽에 바느질을 하는 것에 주의한다.

'핸드메이드 목줄'은 어떻게 만들까?

사랑스런 애견이 매력을 마음껏 발산할 수 있도록 이 세상에 단 하나뿐인 목줄을 만들어 주자! 재료는 테이프 세 줄이면 된다. 겹쳐서 바느질하고 벨크로 테이프만 붙여 주면 완성되기 때문에 누구나 손쉽게 만들 수 있다.

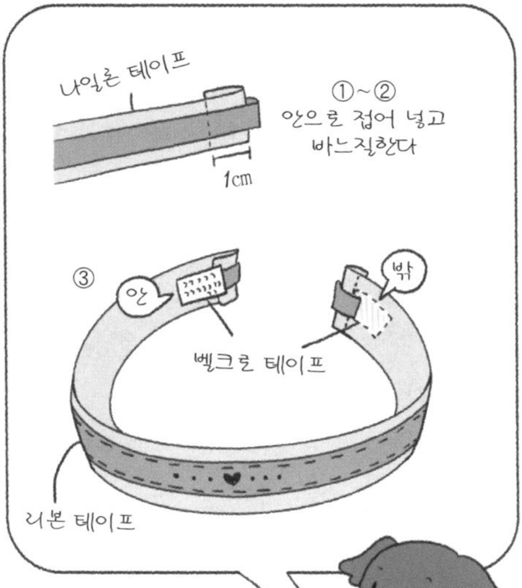

나일론 테이프

①~②
안으로 접어 넣고
바느질한다

1cm

③

안

밖

벨크로 테이프

리본 테이프

Point

나일론 테이프와 리본 테이프의 길이는 5:6 정도의 비율을 기본으로 강아지의 목둘레에 맞게 조절하자.

48

세 가닥 땋기만으로 멋스럽게!
스웨이드 목걸이

준비물: 스웨이드 끈(60cm) 3줄, 원하는 액세서리 혹은 은장식 1개, 자수실 적
당량

1. 끈 3줄을 모아서 늘어뜨리고, 한쪽 끝에 매듭을 지어 준다.

2. 테이블 위에 셀로판테이프 등을 사용해서 끈의 끝을 고정하고,
   세 가닥 땋기를 해 나간다. 도중에 강아지 목에 둘러서 길이를
   확인하자.

3. 정중앙까지 땋았으면, 끈 하나에 은장식을 통과시켜 준 뒤 계
   속 땋아 간다.

4. 목표 길이까지 오면, 1에서 만든 매듭이 간신히 들어갈 정도의
   크기의 원을 만들고, 자수실로 묶어서 고정한다. 남은 끈을 강
   아지가 물지 않도록 짧게 잘라 정리하면 완성이다.

'스웨이드 목걸이'는 어떻게 만들까?

천이나 가죽 제품도 좋지만 때로는 조금 멋을 낸 초커 타입의
목걸이는 어떨까? 맘에 드는 은장식이 정중앙에 오도록 하고,
세 줄의 스웨이드 끈을 세 가닥으로 땋아주기만 하면 돼서 손
재주가 없는 사람도 쉽게 만들 수 있다.

①~②
스웨이드 끈
셀로판테이프
매듭
세가닥 땋기

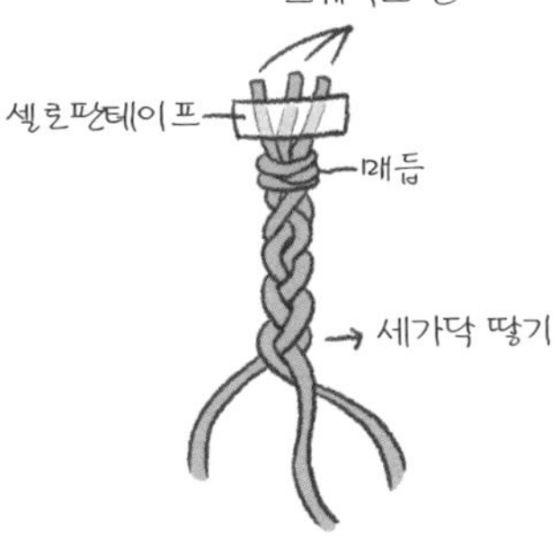

③~④

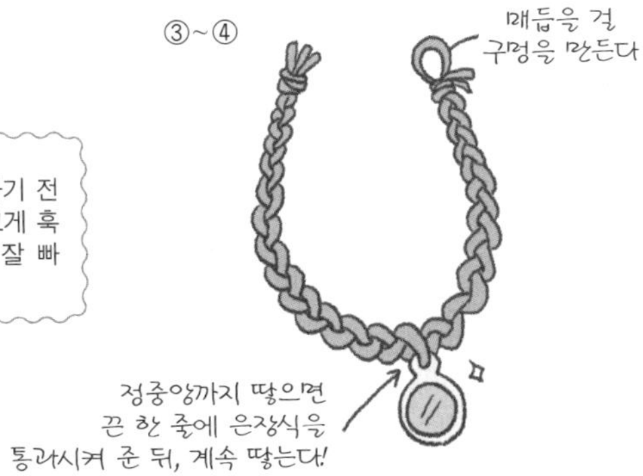

매듭을 걸
구멍을 만든다

point

세 가닥 땋기를 하기 전
의 매듭은 조금 크게 혹
모양으로 만들면 잘 빠
지지 않는다.

정중앙까지 땋으면
끈 한 줄에 은장식을
통과시켜 준 뒤, 계속 땋는다!

49

모두의 시선을 한 몸에!
오리지널 목줄

준비물: 나일론 테이프(폭 1.5cm) 140cm, 면(또는 리넨) 테이프(폭 1.5cm) 140cm, 잠금장치 1개

1. 나일론 테이프와 면(리넨) 테이프를 겹쳐준 뒤, 바깥쪽을 재봉틀로 박는다.

2. 테이프의 양쪽 끝을 1센티미터 정도 안으로 접어 넣고, 테이프를 가로지르듯이 바느질해서 고정한다.

3. 한쪽 끝에 잠금장치를 통과시키고, 3.5센티미터 정도 접어 넣은 뒤, 잠금장치에서 2센티미터 떨어진 부분과 거기서 1.5센티미터 더 떨어진 부분을 바느질로 고정한다.

4. 또 다른 쪽 끝을 25센티미터 길이로 접고, 제일 끝부분에서 1.5센티미터 와 거기서 2.5센티미터 떨어진 곳 두 군데를 바느질해서 손이 통과할 수 있는 원을 만들면 완성이다.

'오리지널 목줄'은 어떻게 만들까?

외출용 목줄도 핸드메이드로 만들어 보자. 원하는 무늬의 나일론 테이프와 면(리넨) 테이프를 같이 바느질한 뒤 강아지의 목줄에 걸 수 있는 잠금장치를 달고, 손을 통과시킬 수 있는 원을 만들면 바로 완성이다.

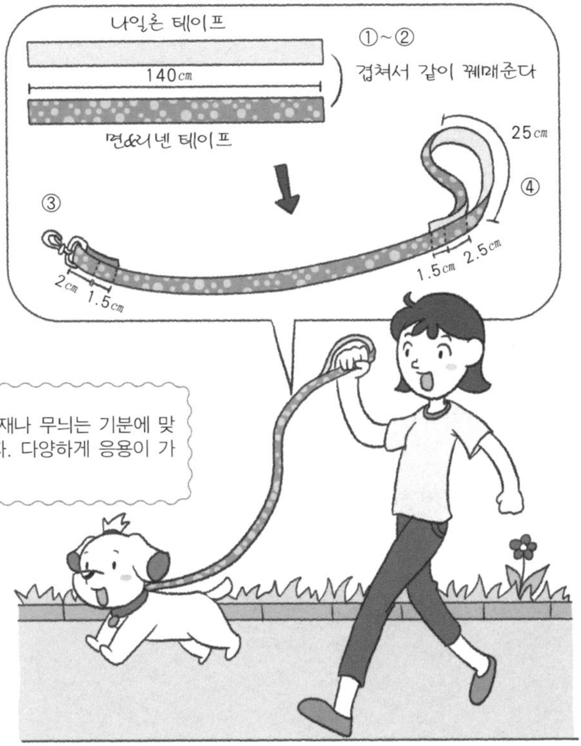

나일론 테이프

140cm

①~②
겹쳐서 같이 꿰매준다

면&리넨 테이프

③

25cm

④

2cm 1.5cm

1.5cm 2.5cm

Point

테이프의 소재나 무늬는 기분에 맞게 바꿔 보자. 다양하게 응용이 가능하다.

50 시크한 강아지로 변신하는
나풀나풀 반다나

준비물: 면으로 된 천 A(25cm×35cm) 1장, 면으로 된 천 B(35cm×90cm) 1장

1. A와 B의 천을 도안(그림 참조)처럼 자른다.
2. 겉이 되는 면을 안으로 오게 해서, 2장의 삼각 천을 꿰매 준다.
3. 2를 뒤집어서 위쪽에 리본을 달아 준다. 그리고 리본 끝이 풀리지 않도록 양끝은 0.7센티미터 정도 안으로 접어 넣고 꿰매 준다.
4. 리본을 일러스트 ★과 같이 정중앙으로 접어 넣듯이 겹친 뒤, 꿰매 주면 완성이다.

리본의 길이는 애견의 목에 묶어 주기 좋은 길이로 조절한다.

'나풀나풀 반다나'은 어떻게 만들까?

옷을 싫어하는 아이도 좋아하는 멋 내기 아이템이 바로 요 반다나! 색상과 무늬가 다른 두 장의 천을 사용하면 양면으로 쓸수 있어서 더욱 멋스럽다. 두 장의 천을 도안과 같이 잘라서 겹친 뒤 리본을 달면 완성이다.

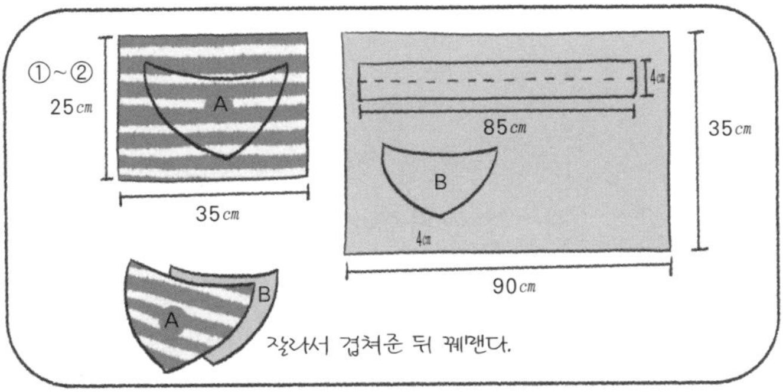

①~②
25cm
35cm

A

4cm
85cm
35cm

B

4cm
90cm

A
B

잘라서 겹쳐준 뒤 꿰맨다.

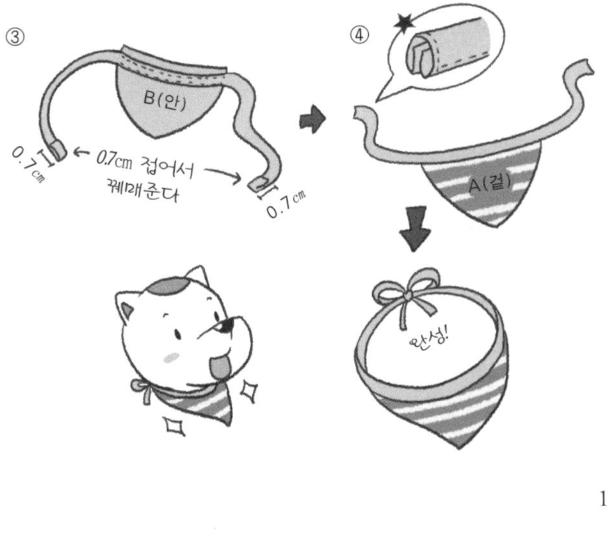

③

B(안)

0.7cm ← 0.7cm 접어서 꿰매준다 → 0.7cm

④

A(겉)

완성!

 나날이 새롭고 멋져지는
강아지 옷의 세계

최근 티셔츠를 입거나 드레스를 입는 등 멋쟁이 강아지들이 늘
고 있다. 이제 강아지 옷은 단순한 보온이나 보호 기능을 넘어
하나의 패션이 되어 가는 추세다.

목줄 하나만 봐도 가죽이나 면 제품을 비롯해, 금속제나 끈
타입 등 소재도 다양하다. 색상도 빨강이나 핑크, 골드 등 무척
화려하고, 이름표를 달고 있거나 이니셜 장식이 더해져 있거
나, 아니면 반짝이는 큐빅이나 스팽글로 장식이 되어 있는 등
각각의 개성이 드러나 있다.

이런 강아지의 멋 내기는 물론 주인의 취향에 의한 것이다.
그 때문에 애견에게 옷을 입히거나 꾸미는 것이 주인의 자기
만족일 뿐이라고 생각하는 사람도 적지 않다.

하지만 주인은 자신의 애견의 성격이나 기호 등을 잘 알고
있기 때문에 어떤 옷을 입히면 좋아할지, 어떤 것을 달아 주면

스트레스가 될지를 잘 안다. 이렇게 자신의 애견의 매력을 최대한 살려 주기 위해 치장을 해주는 것도 하나의 사랑 방식이라고 할 수 있지 않을까. 아마 강아지 자신도 주인의 기뻐하는 얼굴을 보면 분명 행복해 할 것이다.

다만 강아지가 움직이기 불편해 하거나 건강을 해치는 옷을 억지로 입히는 것은 좋지 않다. 우선 옷을 입히는 목적을 생각하고, 강아지가 기뻐할 수 있는 멋 내기를 해주자.

※ 옷을 만들 때는 디자인 이상으로 치수에 신경을 써야 한다. 여기에서는 일반적인 성견 사이즈에 맞춰 소개하고 있지만, 목둘레나 배 둘레 등 상세 사이즈는 강아지에게 맞게 조절하도록 하자.

51

강아지 마린 룩 완성!
세일러 칼라

준비물: 면으로 된 천 A(세일러 부분 25cm×55cm) 1장, 면으로 된 천 B(옷깃 부분 10cm×90cm) 1장, 똑딱단추 1쌍

1. A의 천을 도안(그림 참조)과 같이 자른다. A와 B의 겉면이 안으로 오도록 겹쳐서 세 변을 바느질하고, 나머지 한 변에서 겉으로 뒤집는다.
2. B의 천도 도안대로 잘라서 세일러 부분의 윗부분에 달아 준다. 옷깃 부분에 5밀리미터 정도의 시접을 만들기 위해, 접힌 부분을 다림질로 눌러 준다.
3. 일러스트 ★과 같이 시접을 감싸듯이 말아 준 뒤 다시 뒤집어서 겉면으로 나오게 해서 꿰맨다.
4. 목에 맞게 옷깃 부분의 양 끝에 똑딱단추를 달면 완성.

'세일러 칼라'는 어떻게 만들까?

마린 룩은 언제나 꾸준히 사랑을 받아 왔다. 강아지에게도 유행에 발맞춰 마린 룩을 입혀 주면 어떨까? 두 장의 천과 똑딱단추만 있으면 된다. 세일러 부분이 되는 천을 겹쳐서 꿰매고, 옷깃 부분이 되는 천을 달아 주면 완성이다. 여름날 강아지와 함께 커플 룩으로 산책에 나서 보자!

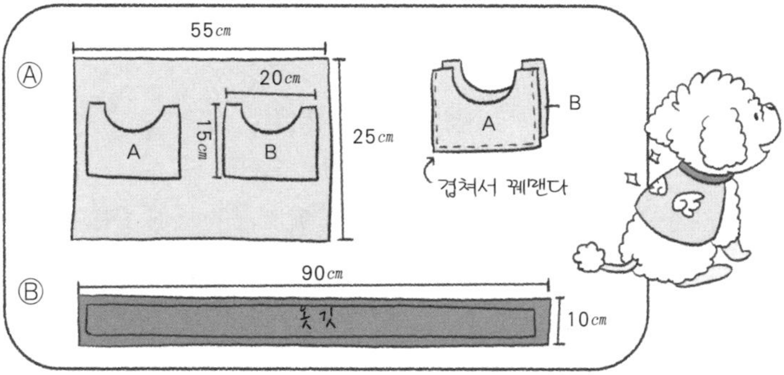

Ⓐ 55cm
20cm
15cm
25cm
A   B
B
A
겹쳐서 꿰맨다

Ⓑ 90cm
옷깃
10cm

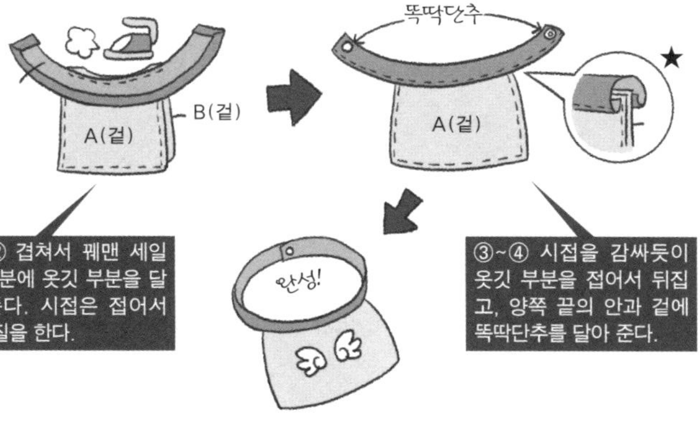

똑딱단추
B(겉)
A(겉)
A(겉)
★

①~② 겹쳐서 꿰맨 세일러 부분에 옷깃 부분을 달아 준다. 시접은 접어서 다림질을 한다.

완성!

③~④ 시접을 감싸듯이 옷깃 부분을 접어서 뒤집고, 양쪽 끝의 안과 겉에 똑딱단추를 달아 준다.

52

털 짧은 강아지를 위한
따뜻한 플리스 웨어

준비물: 세탁이 가능한 플리스 천(40cm×145cm) 1장, 니트 테이프(폭 1cm, 230cm) 1장, 지퍼(길이 적당) 1개

1. 플리스 천을 도안(그림 참조)과 같이 잘라 낸다.
2. 배 부분의 직선 라인에 각각 지퍼를 달아 준다.
3. 등 부분을 만들기 위해 등 부분과 배 부분을 꿰매 잇는다.
4. 옷깃 부분의 길이에 맞게 니트 테이프를 자르고, 감침질을 한다.
5. 소매 입구, 등 부분과 배 부분의 옷자락에 맞게 테이프를 잘라서 감침질을 하고, 목에 닿는 부분에 옷깃을 단다.
6. 마지막으로 겨드랑이를 꿰매 이으면 완성.

감침질을 잘 못하는 사람은 생략해도 좋다.

'플리스 웨어'는 어떻게 만들까?

추운 겨울, 덜덜 떠는 아이를 위해 따뜻한 옷을 만들어 주자. 플리스 천 3장을 도안대로 잘라서, 각각의 부분을 꿰매어 잇기만 하면 되어 의외로 간단하다.

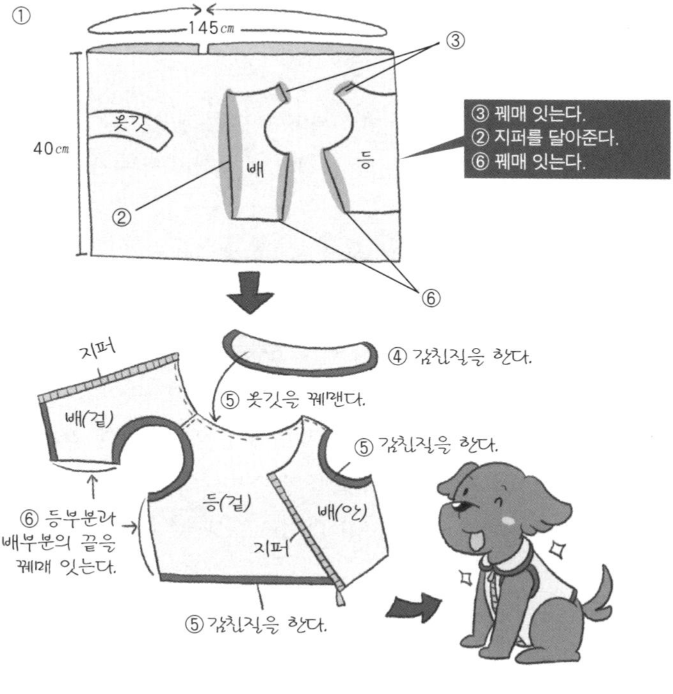

① 145cm

40cm

옷깃

배

등

③

③ 꿰매 잇는다.
② 지퍼를 달아준다.
⑥ 꿰매 잇는다.

②

⑥

지퍼

배(겉)

④ 감침질을 한다.

⑤ 옷깃을 꿰맨다.

⑤ 감침질을 한다.

⑥ 등부분과 배부분의 끝을 꿰매 잇는다.

등(겉)

배(안)

지퍼

⑤ 감침질을 한다.

53 리본으로 포인트를 준 탱크톱

준비물: 면으로 된 천 A(60cm×90cm) 1장, 면으로 된 천 B(15cm×110cm) 1장

1. 천 A를 도안(136페이지 참조)과 같이 자른다. 이 천은 탱크톱의 등 부분과 배 부분이 된다. 애견의 털 색깔에 맞는 색과 무늬의 천을 준비하자.

2. 등 부분과 배 부분의 끝, 어깨 부분을 꿰맨다.

3. 천 B를 도안(137페이지 참조)과 같이 자른다. 이 천은 가장자리와 목 뒤에서 묶는 리본이 된다. A와 색깔이 다른 천으로 하면 귀엽다.

4. 목 부분과 소매 부분, 그리고 밑단에 감침질을 한다. 감침질할 때는 천 B를 각각 붙여서 끝을 접어 넣고, 금이 가도록 다림질을 해서 꿰매면 좋다(130페이지의 3. 옷깃 부분 꿰매는 방법을 참조).

5. 배 부분의 앞면을 꿰매 잇는다.

6. 등의 열려 있는 곳을 감침질해 준다.

7. 리본을 목 주변에 꿰매 주고, 양끝을 접어 넣어 바느질한다. 그리고 리본을 정중앙에서 접어 넣은 뒤 겹쳐서 꿰매면 완성이다(126페이지의 4. 리본을 꿰매는 법 참조).

강아지의 옷 중에서도 비교적 간단하게 만들 수 있는 것이 이 탱크톱이다. 감침질을 잘 못하는 사람은 천 A만으로 옷을 만들고, 공그리기 등 풀리지 않게 처리만 해도 좋다.

'탱크톱'은 어떻게 만들까?

방한을 위해서가 아니더라도 반려견에게 귀여운 옷을 입혀주고 싶다면, 강아지가 부담을 느끼지 않는 탱크톱에 도전해보자. 도안과 같이 자른 천을 꿰매 잇고 감침질을 한다. 강아지의 크기에 맞게 치수를 조절하자.

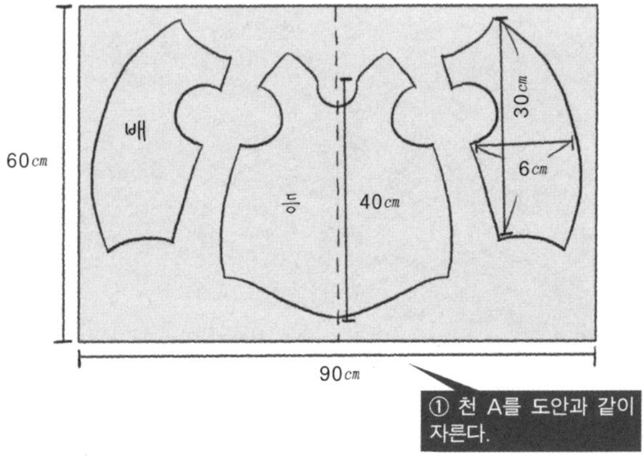

배

등

30 cm

6 cm

40 cm

60 cm

90 cm

① 천 A를 도안과 같이 자른다.

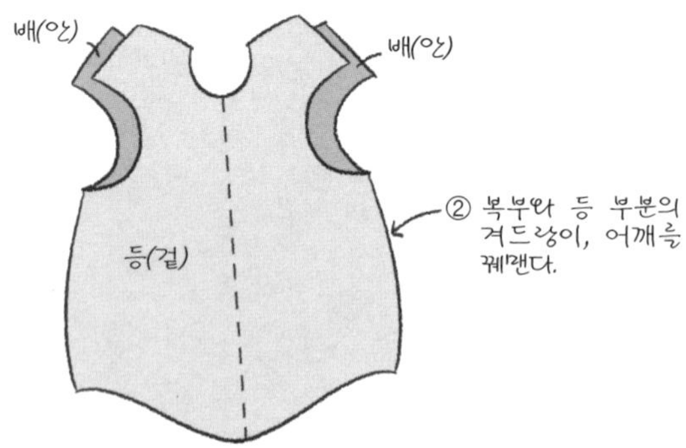

배(안)

배(안)

등(겉)

② 복부와 등 부분의 겨드랑이, 어깨를 꿰맨다.

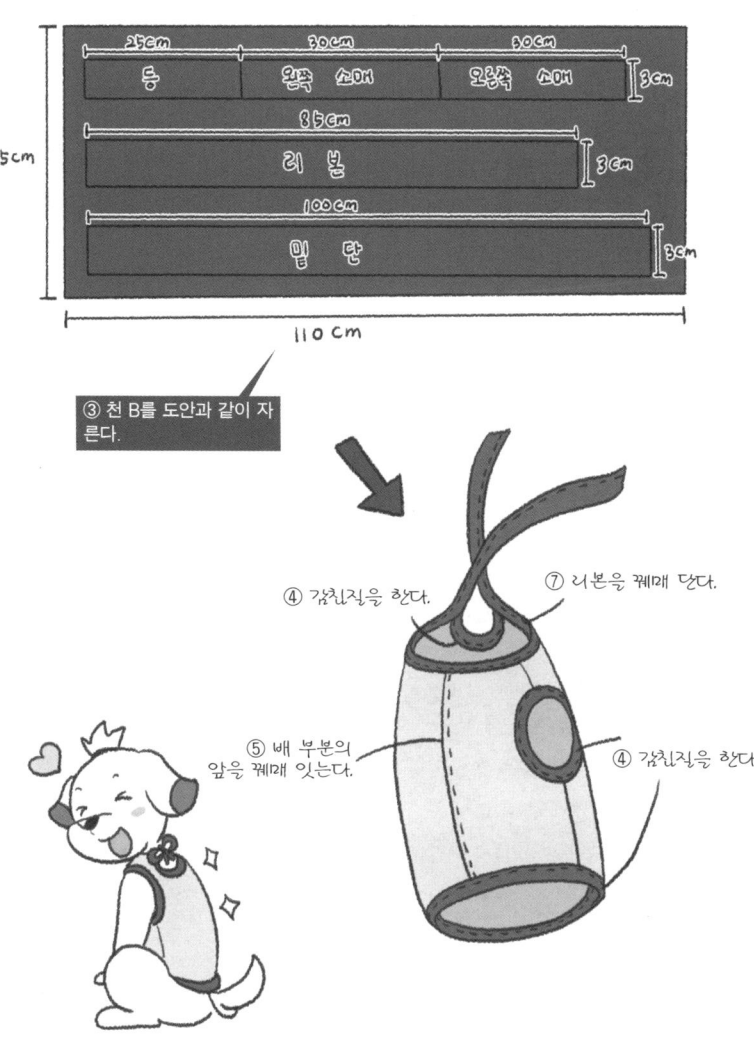

25cm
등

30cm
왼쪽 소매

30cm
오른쪽 소매

3cm

85cm
리본

3cm

100cm
밑단

3cm

15cm

110 cm

③ 천 B를 도안과 같이 자른다.

④ 감침질을 한다.

⑦ 리본을 꿰매 단다.

⑤ 배 부분의 앞을 꿰매 잇는다.

④ 감침질을 한다.

뒤에 달린 리본이 귀여워요

137

54

비 오는 날도 걱정 없는
망토 달린 레인코트

준비물: 무늬가 있는 방수 가공 천(100cm×100cm) 1장, 무늬 없는 방수 가공 천(100cm×100cm) 1장, 벨크로 테이프(폭 1.5cm, 96cm) 1쌍

1. 무늬가 있는 천과 무늬 없는 무지 천을 각각 도안(140페이지 참조)처럼 자른다. 시접으로 0.7밀리미터 정도 여유를 남겨 두자.

2. 등 부분의 무지와 무늬가 있는 천을 겉면이 안으로 오도록 꿰매 잇고, 커브에 칼집을 넣는다. 아랫부분은 뒤집을 구멍을 만들어 준다.

3. 뒤집을 구멍으로 겉으로 뒤집은 뒤 주변을 꿰매고, 무늬 표면의 4곳(일러스트 ★1 참조)에 부드러운 면의 벨크로 테이프(찍찍이)를 꿰매어 붙인다.

4. 가슴 부분을 만든다. 무지와 무늬가 있는 천 각각을 표면이 안으로 오도록 꿰매어 잇고, 열어서 시접 부분을 쓰러뜨린 뒤 꿰맨다.

5. 무지와 무늬가 있는 천을 표면이 안으로 오도록 꿰매 붙인다. 아랫부분의 뒤집는 구멍으로 겉으로 뒤집어서, 주변을 꿰맨 후

무늬가 있는 천의 표면 4군데(일러스트 ★2 참조)에 거친 면의 벨크로 테이프를 꿰매 붙인다.

6. 망토를 만든다. 무지와 무늬가 있는 천을 표면이 안으로 오도록 꿰매고, 커브에 칼집을 넣는다.

7. 뒤집는 구멍으로 뒤집은 뒤, 주변을 꿰매고 무늬가 있는 천과 무지 천에 벨크로 테이프를 꿰매 붙인다.

등 부분과 가슴 부분을 벨크로 테이프로 고정시키면 입고 벗는 게 편한 것도 매력이다. 망토와 코트는 각각 단독으로 사용할 수 있기 때문에 기분에 따라 코디도 가능하다.

'망토 달린 레인코트'는 어떻게 만들까?

살짝 우울해지는 비 오는 날의 산책. 옷이 더러워지거나 젖는 것을 생각하면 꺼려지기 쉽지만, 망토가 달린 레인코트로 우울한 기분을 날려 버리자! 방수 가공처리가 된 천을 두 종류 구입한 뒤, 일러스트와 같이 도안을 잘라 가슴 부분, 등 부분, 망토 부분, 세 부분을 각각 완성시켜 나가자.

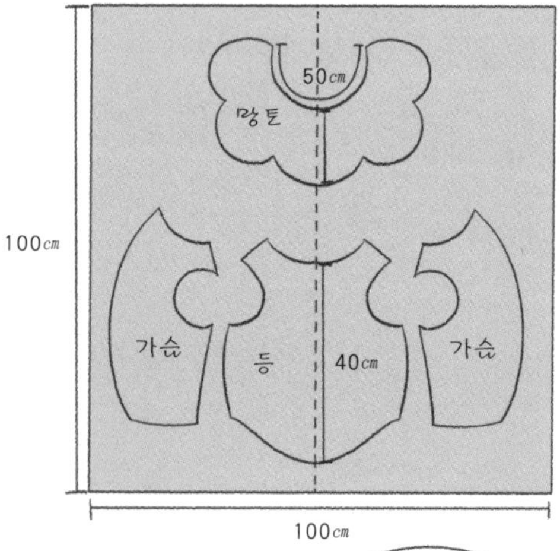

50cm

망토

100cm

가슴   등   40cm   가슴

100cm

무늬가 있는 천과
무늬 없는 천 2장을
도안대로 각각
같은 크기로 잘라요~

등 부분

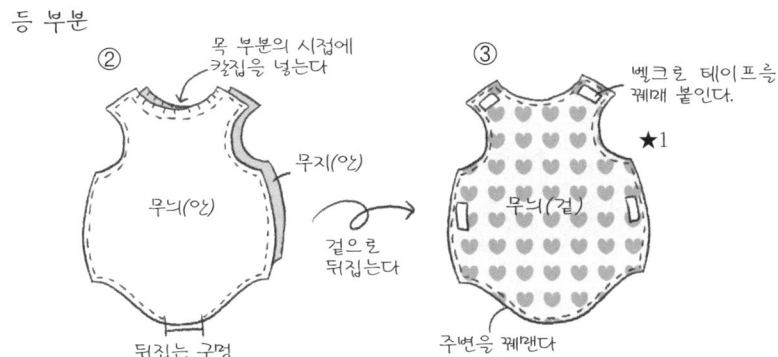

② 목 부분의 시접에 칼집을 넣는다

무늬(안)

겉으로 뒤집는다

뒤집는 구멍

③ 벨크로 테이프를 꿰매 붙인다.

★1

무늬(겉)

주변을 꿰맨다

☆ ☆

배 부분

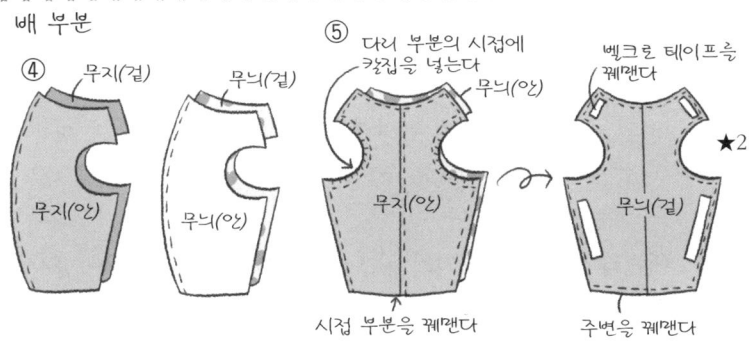

④ 무늬(겉)   무늬(겉)

무늬(안)   무늬(안)

⑤ 다리 부분의 시접에 칼집을 넣는다

무늬(안)

무늬(안)

시접 부분을 꿰맨다

벨크로 테이프를 꿰맨다

★2

무늬(겉)

주변을 꿰맨다

☆ ☆

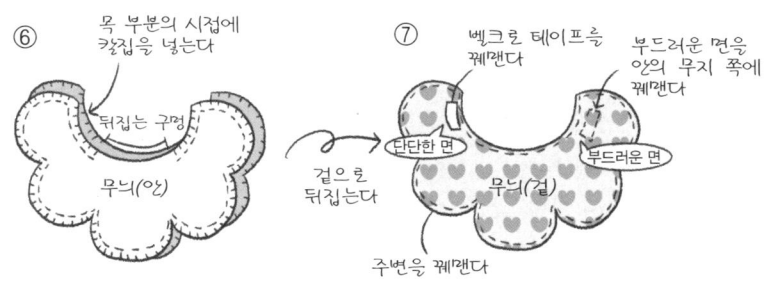

⑥ 목 부분의 시접에 칼집을 넣는다

뒤집는 구멍

무늬(안)

겉으로 뒤집는다

⑦ 벨크로 테이프를 꿰맨다

부드러운 면을 안의 무지 쪽에 꿰맨다

단단한 면

부드러운 면

무늬(겉)

주변을 꿰맨다

 강아지와의 소중한 추억을
사진에 담아요

강아지의 성장은 놀라울 정도로 빠르다. 바로 얼마 전까지 작고 귀여운 강아지였는데, 날마다 쑥쑥 커지더니 순식간에 성견이 되고 만다. 그런 만큼 지금뿐인 '이때', '이 모습'을 남겨주고 싶어 하는 건 어느 주인이나 마찬가지일 것이다.

애견과의 추억을 남기기에는 사진이 제일이다. 하지만 한시도 가만히 있지 않는 강아지의 사진을 찍기란 생각보다 쉽지 않다. 귀여운 순간을 남기려 했는데 흔들리거나 몸의 일부가 찍히지 않거나 잘 찍지 못하면 너무 안타깝다. 그래서 이제부터는 블로그에 올리고 싶어질 만큼 멋진 사진을 찍기 위한, 프로가 직접 전수한 테크닉을 소개한다.

구체적인 방법은 다음 페이지부터인데, 그 전에 기억해두어야 할 것이 하나있다. 사진을 잘 찍기 위해서 주의해야 할 것은 무엇보다 강아지의 성격이나 마음을 이해하면서 촬영에 임해야 한다는 것이다. 재미있는 사진을 찍겠다고 강아지가 싫어하는데도 높은 곳에 올려놓거나, 오랫동안 두 다리로 서 있는 포즈를 강요하지는 말도록 하자.

어디까지나 일상의 연장에서 강아지에게 스트레스를 주지 않도록 배려하면서 좋은 사진을 찍는 것이 중요하다. 반려견의 마음과 컨디션에 주의하면서, 조금만 궁리해도 최고의 사진을 찍을 수 있다.

모두가 감탄할 만한 베스트 샷을 찍기 위한 사진 테크닉을 부디 손에 넣길 바란다.

55 초보는 자는 모습부터!

반려견의 귀여운 포즈나 표정을 찍고 싶은데, 강아지가 좀처럼 가만히 있질 않아서 원하는 사진을 찍을 수 없다고 한탄하는 주인이 적지 않을 것이다.

특히 강아지가 어린 경우는 더욱 그렇다. 날아다니는 벌레 등 흥미를 끄는 것을 발견하면 바로 시선을 돌리고, 하루 종일 쉴 틈 없이 얼굴과 몸을 움직인다. 그 결과 대부분의 사진이 흐릿하거나 흔들려서 실망하는 경우가 많을 것이다.

촬영에 익숙하지 않은 사람은 우선 자는 얼굴부터 노리도록 하자. 가만히 있는 동안 둥글게 말고 있는 전신 컷을 비롯해, 새근새근 자고 있는 얼굴까지 좋아하는 각도에서 마음껏 사진을 찍을 수 있다.

목욕 수건 위나 상자 안 등에서 자도록 유도하는 것도 좋다. 벽 쪽을 보고 자고 있어도 수건이나 상자의 방향을 바꿀 수 있어서 편리하다. 수건의 색은 강아지의 털 색에 어울리게 맞추고 무늬도 심플하고 사진이 잘 나오는 것을 준비해 두자.

자는 얼굴도 좋지만, 조금이라도 움직임이나 표정이 있는 사진을 원할 때는 잠에서 막 깨었을 때가 촬영 찬스이다! 잠시 잠에 취해 멍해 있고 움직임도 비교적 느리기 때문에 기운이 넘쳐 팔팔 뛸 때보다는 사진 찍기가 수월하다.

우선 자고 있을 때나 잠에서 막 깨어난 모습에 도전한 뒤, 다음 단계에 도전하자.

56 귀여운 타이밍을 파악한다

누구나 강아지의 귀여운 순간을 카메라에 담고 싶어 하지만, '아, 지금 귀여워!'라며 서둘러서 카메라를 들이대도 그 순간에 얼굴을 돌려 버려서 실패하는 경우가 대부분일 것이다.

또한 주인이 카메라를 들었다고 강아지가 적극적으로 포즈를 취해 주는 것도 아니고, 개중에는 카메라를 보면 호기심에 달려들어 냄새를 맡거나 핥으려고 해서 도무지 촬영 타이밍을 찾을 수 없는 경우도 있다.

그만큼 절묘한 셔터 찬스를 잡는 것은 어려운 일이다. 찬스를 잡을 수 없다면, 일단 계속해서 셔터를 누르는 작전도 있다. 그 중에 기적의 한 장이라고 할 만한 훌륭한 사진을 건질 수 있을지도 모르겠지만, 이건 그저 운에 맡기는 것에 지나지 않는다.

그러면 운에 맡기지 않고 찍고 싶은 순간을 확실하게 잡기 위해서는 어떻게 하면 좋을까. 그 답은 바로 애견을 잘 관찰하고 행동 패턴을 파악하는 것이다.

예를 들면 산책을 하다가 길 끝에서 고양이를 만났을 때 보이는 겁먹은 표정, 공원에서 강아지 친구를 만났을 때 보이는 기쁨의 표정, 주인의 다리 위에서 주인이 쓰다듬어 줄 때의 만족스러운 표정 등등……. 어떤 때에 어떤 표정을 하는지를 파악할 수 있다면 '이런 표정을 찍고 싶다'라는 바람도 이루어질 수 있고, 애견의 의외의 모습을 발견하게 될 것이다.

카메라를 들기 전에 강아지의 성격과 행동 패턴을 아는 것. 이것이 찍고 싶은 모습을 확실하게 찍기 위한 첫걸음이다.

카메라를 강아지의
눈높이에 맞춘다

좋은 사진을 찍었다고 만족했는데, 막상 다시 보니 '어라? 이 사진도, 이 사진도 위를 보고 있어. 다 똑같은 패턴인데?'라고 느꼈다면 카메라를 쥐고 있는 주인 쪽에 문제가 있을지도 모른다.

보통 위를 올려다보고 있는 모습의 사진이 가장 흔한 패턴인데, 강아지의 얼굴을 내려다보고 사진을 찍으면 아무래도 그런 구도의 사진이 될 수밖에 없다. 또한 표정은 귀엽지만 얼굴이 크게 찍혀서 꼬리나 손발이 나오지 않은 경우도 있을 것이다.

이런 문제를 해결하는 것은 실은 무척 간단하다. 바로 본인이 사진 찍는 자세를 바꾸는 것이다. 반려견의 눈높이에 맞춰 쪼그리고 앉거나, 바닥에 누워서 사진을 찍어 보자. 이렇게만 해도 똑같은 패턴에서 벗어난 신선한 사진을 찍을 수 있고 사진의 질도 훨씬 좋아진다. 표정은 물론, 지금까지 잘려버렸던 꼬리나 다리도 확실하게 찍혀서 생생하고 활동적인 사진이 될 것이다.

특히 추천하는 자세는 주인이 누워서 아래에서 강아지의 얼굴을 올려다보며 찍어 보는 것이다. 평상시에는 귀여웠던 애견이 늠름하고 박력 있는 모습으로 보여서 매우 신선하게 느껴진다!

배경을 단순하게 한다

사진을 찍어 인화를 해보면 배경이 된 방에 장난감이나 티슈 상자, 벗어 놓은 옷이 여기저기 흩어져 있어서 사진을 망쳤다는 생각을 한 적은 없는가?

강아지의 표정에만 너무 집중하다 보면, 뒷배경이 어떤지까지는 신경 쓰지 못하기 쉽다. 그 결과 2% 아쉬운 사진이 되어 실망하는 사람이 많을 것이다.

프로 카메라맨이 촬영한 사진과 초보자의 사진을 구분하는 법은 배경에 있다고 해도 과언은 아니다. 멋진 사진을 남기고 싶다면 배경에도 세심하게 신경을 쓰자.

구체적으로는 주변의 물건들을 정리하는 것이다. 배경이 깨끗하면 피사체가 돋보여서 완성도가 달라진다. 방을 정리하는 것이 힘들다면 담요나 무릎 덮개로 덮어 버리는 것도 요령이다. 찍고 싶은 사진 테마에 맞게 배경 색상을 정하면 더욱 훌륭

한 사진이 된다.

예를 들면 화려함이나 약동감을 내고 싶을 때는 따뜻한 계통의 색상인 빨강이나 오렌지, 노란색 담요를 선택한다. 반대로 차분한 이미지를 내고 싶을 때는 차가운 색상인 파란색 계통을 배경으로 선택하면 좋다. 그리고 담요에 접힌 자국이 있으면 의외로 눈에 띄기 때문에 촬영용 담요는 항상 둥글게 말아서 보관해 두도록 하자.

주인공은 어디까지나 강아지이지만, 이처럼 배경에도 신경을 써주면 강아지의 표정도 한층 살아난다.

달리는 강아지를 찍으려면?

넓은 초원을 달리는 반려견의 모습은 사진으로 꼭 남기고 싶은 모습 중 하나이다. 그러나 빠른 속도로 달리는 모습을 흔들리지 않고 찍는 것은 프로가 아니면 어려운 기술이라고 생각할 것이다.

하지만 이런 난이도가 높은 사진도 요령만 알면 초심자도 충분히 찍을 수 있다. 그 방법은 카메라 이동 촬영이다. 이동 촬영이란 달리는 강아지와 같은 방향과 같은 속도로 카메라를 움직이며 촬영하는 것을 말한다.

이동 촬영에서는 촬영자와 강아지가 평행으로 달려야 하기 때문에, 누군가의 도움을 받는 것이 좋다. 카메라와 피사체의 거리가 달라지면 계속해서 초점을 다시 맞춰야 하기 때문에 난이도가 더욱 높아지기 때문이다.

우선 강아지에게 '기다려'를 시키고, 거기서 조금 떨어진 장소에 서서 강아지를 파인더 안에 넣는다.

그리고 또 한 사람에게 멀찍이서 강아지를 부르게 해서, 강아지가 달리기 시작하면 동시에 카메라를 움직여서 파인더 속에 항상 강아지의 얼굴이 같은 곳에 있도록 따라간다. 그리고 원하는 순간에 셔터를 누르면 끝!

완성된 사진을 보면 배경은 흔들려 있지만 강아지의 얼굴과 모습은 확실하게 찍혀 있을 것이다. 셔터 스피드를 바꿔 주면 배경이 흔들리는 형태도 달라지지만, 처음에는 너무 신경 쓰지 않아도 좋다.

정확한 타이밍에 셔터를 누를 자신이 없다면 디지털카메라의 연사 기능을 이용해도 좋다. 이제 여러분도 생동감 넘치는 사진을 찍을 수 있을 것이다.

60 적목 현상을 막으려면?

공원이나 산책 길 등 사진은 어디에서나 찍을 수 있지만 강아지의 가장 편안하고 자연스러운 모습을 담으려면 무엇보다 집이 최고이다! 벌러덩 대자로 누워서 자고 있는 모습이나 소파에 턱을 올리고 멍하니 있는 모습 등은 집 안에서만 볼 수 있는 자연스러운 표정이다.

하지만 실내에서의 사진 촬영은 의외로 어려움이 많은 것도 사실이다. 낮에는 창으로 들어오는 자연광, 밤에는 형광등이 주로 광원이 되는데, 빛이 부족해서 스트로보(플래시)를 사용해야 하는 경우가 적지 않다.

이 스트로보가 문제인데, 강아지의 눈은 사람의 눈보다 빛에 강하게 반응하기 때문에 스트로보의 빛이 동공에 들어가면 망막에 반사되어 적목이나 녹목이 되고 만다.

이런 적목 현상을 막기 위해서는 스트로보를 직접 강아지의 눈에 닿지 않도록 해야 한다. 바꿔 말하면 정면에서 찍지 말고 살짝 시선이 비껴난 상태에서 찍어야 한다는 것이다.

방법은 장난감이나 간식으로 강아지의 정신을 빼앗아서, 약간 시선이 벗어난 곳에서 셔터를 누르는 것이다. 이렇게 하면 적목 현상을 방지할 수 있다.

적목 방지 기능이 있는 카메라도 있지만 셔터 타이밍이 어긋나는 경우가 있기 때문에 원하는 타이밍으로 셔터를 누르려면 별로 추천하지 않는다. 우선은 지금 소개한 방법을 시험해 보길 바란다.

61

입체감 있게 찍으려면
역광을 이용한다

'우리 밍크는 보송보송한 털이 무엇보다도 자
랑거리야. 그런데 사진만 찍으면 납작하게 눌
려 보여서 매력이 떨어진단 말이지. 도대체 왜
지?'라고 생각하는 경우가 있을 것이다. 이것은
강아지 잘못이 아니라 빛을 잘못 사용했기 때문
일지도 모른다. 빛의 각도에 따라 강아지 몸의 입
체감이나 털의 결은 현저하게 달라 보인다.

밍크

조금 전문적인 이야기를 하면 카메라 쪽에서 피사체에 빛이
닿는 상태를 순광이라고 한다. 순광은 피사체에 충분히 빛이
닿기 때문에 그림자가 방해가 되지 않고 촬영하기 쉬운 환경
이다. 그 때문에 사진은 순광으로 찍는 것이 기본인데, 순광으
로는 피사체의 입체감을 표현하기 어렵다는 약점이 있다. 입체
감은 그림자나 빛의 반사로 연출되기 때문이다.

반대로 피사체의 뒤쪽에 태양 등의 광원이 있는 상태를 역광이라고 하는데, 역광일 때에는 피사체의 뒤쪽에 빛이 닿아 카메라 쪽이 그림자가 된다.

사진으로 찍으면 그림자 때문에 어두워서 표정이 잘 보이지 않지만, 반면 뒷배경이 밝아져서 피사체를 두드러져 보이게 하기 때문에 질감이나 입체감 있는 사진이 완성된다. 즉 보송보송한 털의 결을 살려서 찍기에는 역광이 좋다고 할 수 있다.

역광으로 찍을 때는 빛 바로 정면에 서지 않도록 주의하자. 좌우로 조금 비껴서든가, 손으로 렌즈를 가려서 차양을 만들면 좋은 사진을 찍을 수 있다. 얼굴이 잘 보이지 않아서 꺼려지는 경우는 빛이 비스듬히 옆에서 비치는 상태인 사광으로 찍는 것을 추천한다.

62 특별한 사진을 원한다면 줌 업!

만족할 만한 강아지의 표정을 찍을 수 있게 되었다면, 이번에는 조금 수준을 높여서 강아지의 매력을 끌어내는 개성 있는 사진에 도전해 보는 건 어떨까?

개성 있는 사진을 찍는 법은 다양하지만, 우선은 다양한 부위를 당겨서 찍어 보는 것이 좋다. 카메라의 줌 기능을 이용하거나 평소보다 한 발 강아지에게 가까이 다가가는 것만으로 특별한 사진을 얻을 수 있다.

우선은 프레임이 가득 차도록 얼굴을 촬영해 보자. 이때, 초점만큼은 충분히 주의를 하자. 동물 사진의 기본은 눈동자에 핀트를 확실하게 맞추는 것이다. 눈동자에 초점을 맞추면 생생한 사진을 찍을 수 있다. 이 규칙만 지킨다면 다른 부분이 조금 흐릿하거나 잘려도 힘 있는 사진이 될 것이다.

얼굴만 가득 나온 사진을 찍었다면 다른 부위에 도전하자.

꼬리나 발바닥, 귀, 그리고 엉덩이를 프레임에 가득 차도록 찍는 것도 재미있다. 이제껏 몰랐던 강아지의 숨은 매력을 발견할 수 있을지도 모른다.

줌 인 사진을 찍을 때는 떨림이나 그림자에도 주의해야 한다. 손 떨림 현상을 막기 위해서는 겨드랑이에 팔을 붙이고 단단히 카메라를 잡으면 된다. 사진에 그늘이 지는 현상은 사진을 찍으려고 가까이 다가갔을 때에 자신의 몸으로 빛을 가로막아서 생기는 것이므로 광원과 자신의 위치에도 주의하자.

위 요령을 참고로 여느 때와는 조금 다른 개성 넘치는 사진을 찍어 보자.

PART 4

건강하고 행복한 강아지를 위한
수제 요리 & 다이어트

 ## 사료만 먹이고 싶지는 않아요

반려견의 식사는 종합 영양식인 개 사료를 주는 것이 일반적이다. 영양 면에서는 문제가 없지만, 가끔은 애정이 가득 담긴 밥을 손수 만들어서 강아지를 기쁘게 해주는 건 어떨까.

직접 만든 수제 밥의 좋은 점은 첨가물이 없는 안전한 음식을 줄 수 있다는 것, 그리고 애견의 기호나 컨디션에 맞게 메뉴를 조절할 수 있다는 것이다.

하지만 어떤 것을 만들어야 좋을지 모르겠고, 영양 밸런스가 편중되지 않을까 걱정되어 주저하는 주인도 많을 것이다. 그럴 때는 한 끼에 100% 완벽한 영양 밸런스를 맞추려 하지 말고, 2~3회분을 한데 묶어서 생각해서 균형을 맞추는 것이 좋다. 사람도 스포츠 선수가 아닌 이상 칼슘이 어떻고 비타민이 어떻고 하면서 매끼 식사를 만들지는 않는다.

강아지에게 필요한 영양소는 크게 다섯 가지. 단백질, 지방,

탄수화물, 미네랄, 비타민이다. 물론 물도 잊지 말자. 조리를 할 때는 고기와 생선 등의 단백질을 중심으로 하고 곡물이나 계절 채소를 첨가해 주도록 하자. 단, 양파류나 가열한 뼈, 염분이 강한 것, 초콜릿 등 강아지의 몸에 해로운 식품은 사용하지 않도록 주의하자.

자, 이제부터 강아지가 엄청 좋아서 달려들 만한 스페셜 레시피를 소개한다. 얌전히 집을 잘 지킨 날, 엄하게 꾸짖어 풀이 죽은 날, 생일 등의 특별한 날에 만들어 주면 어떨까?

※ 레시피 분량은 중형견(6~10kg 미만)을 기준으로 하고 있다. 소형 견이라면 ×0.3, 대형견이라면 ×1.8이 기준이다. 정확한 분량은 애견에 따라 다르므로 수의사나 전문가와의 상담을 통해 정하도록 한다.

63

봄의 레시피
야채 듬뿍 팬케이크

◎ 벚꽃놀이에 가져가고픈 야채 듬뿍 팬케이크

재료: 호박 1/8개, 당근 2cm, 당근 잎 조금, 박력분 20g, 베이킹파우더 1/4 작은 술, 탈지우유 1큰술, 물 50cc, 콘 후레이크 10g, 달걀 1/2개, 식용유 1/2큰술

벚꽃 피는 계절이 오면 강아지와 함께 알록달록 봄 냄새 물씬 나는 간식을 들고 벚꽃놀이를 가보자!

1. 전자레인지로 부드러워질 때까지 가열한 호박 껍질을 벗기고 잘 으깨 준다. 당근은 강판에 갈고, 잎은 잘게 다진다.
2. 박력분과 베이킹파우더, 탈지우유를 섞은 후, 1과 부순 콘 후레이크를 넣고 달걀과 식용유를 넣고 섞어 준다.
3. 물을 조금씩 넣어 주면서 섞고, 팬케이크 반죽이 적당한 묽기가 되면, 무염 버터(분량 외)를 넣고 중불에 달군 프라이팬에 붓는다.
4. 양면이 골고루 익으면 완성! 강아지에게는 식은 뒤에 주자.

64

여름 레시피
냉 샤브 소면

◎ 입맛을 돋우는 냉 샤브 소면

재료: 돼지고기 얇게 썬 것 50g, 소면 20g, 무 간 것 조금, 미역(무염의 건조 미역을 물에 불린 것) 적당량

더운 여름 애견이 식욕이 없어지면, 목 넘김이 좋고 수분도 보충할 수 있는 한 끼 식사를 만들어 주자.

1. 돼지고기를 먹기 쉬운 크기로 잘라 가볍게 데친 뒤 차가운 물에 담근다.
2. 소면을 3센티미터 정도의 길이로 잘라서 삶은 뒤 물에 헹군다.
3. 접시에 소면을 올리고 1의 돼지고기와 무 간 것, 미역을 얹는다.

이 기본 냉 샤브 소면은 응용도 간단하다. 잘게 다진 야채나 가츠오부시 등을 얹어도 좋다.

65

가을 레시피
버섯 파스타 & 호박과 고구마 도리야

◎ 웰빙 버섯 파스타

재료: 스파게티 20g, 닭 가슴살 50g, ★(표고버섯, 송이버섯, 팽이버섯, 잎새버섯 각 적당량), 파래 적당량, 맛국물 100cc(무염이라면 시판 제품도 괜찮다. 직접 만드는 경우에는 물 100cc에 가츠오부시 5g을 넣는다.)

겨울을 대비해 영양을 보충해 줘야 하는 가을. 면역력을 높여 주는 버섯 요리를 만들어 주자!

1. 스파게티는 3센티미터 정도의 길이로 잘라서 뜨거운 물에 삶는다.
2. 한입 크기로 자른 닭고기를 볶고, 잘게 다진 ★을 볶는다.
3. 2의 냄비에 1을 넣고, 맛국물을 넣고 졸인 뒤 파래를 얹는다.

스파게티는 소금을 넣지 않고 삶는다.

◎ 달콤한 호박과 고구마 도리야

재료: 성분 무조정 두유 50cc, 박력분 1/4큰술, 무염버터 1/2작은술, 고구마 3cm, 호박 1/8개, 돼지고기 간 것 50g, 밥 20g, 코티지 치즈 한 꼬집

가을이 제철인 고구마는 강아지가 무척 좋아하는 음식이다. 세포나 혈관, 근육 등의 형성에 필요한 비타민 C가 풍부하고 영양 면에서도 우수한 식재료이다.

1. 박력분과 버터를 내열 그릇에 넣고, 전자레인지에 1분 가열한다. 두유를 넣고 멍울이 생기지 않도록 섞은 뒤 전자레인지에 다시 1분 가열한다.
2. 잘 섞고 다시 1분 가열. 적당한 굳기가 될 때까지 반복한다.
3. 호박과 고구마를 찌거나 삶아서 부드럽게 한 뒤 껍질을 벗기고, 1센티미터로 깍둑썰기 한다. 돼지고기 간 것도 볶아 두자.
4. 그라탕 접시에 밥을 넣고 3, 2, 1의 순서로 얹고, 치즈를 얹는다.

토스터에 넣고 노릇해질 정도로 구워준다. 강아지에게는 식은 뒤에 주자.

66 겨울 레시피
고기 완자 우동 & 크림 스튜

◎ 추위를 잊게 하는 고기 완자 우동

재료: 소고기와 돼지고기 간 것 120g, 우동 100g, 양배추와 배추 각 1/3장, 유채 적당량, 당근 3cm, 맛국물(다시마와 말린 표고버섯) 100cc, 저염 간장 약간, 참기름 조금

1. 잘게 다진 양배추를 소량의 참기름을 넣고 볶아서 식힌다.
2. 고기 간 것에 1을 넣고 섞어서 완자 모양으로 만든 것을 맛국물에 조린다.
3. 다진 배추와 당근을 맛국물 냄비에 넣고, 간장을 넣고 조린다.
4. 3센티미터로 자른 우동을 넣고 조린 뒤 2를 넣고, 잘게 다진 유채를 뿌려 주면 완성이다. 식힌 뒤에 준다.

◎ 제철 순무가 사르르 맛있는 크림 스튜

재료: 생 연어 반 토막 ★(작은 순무 1/2개, 당근 3cm, 감자 1/2개), 순무 잎 적당량, 무염 버터 1/2작은술, 성분 무조정 두유 100cc, 물 30cc, 갈분 1작은술

단백질, 야채, 유제품을 한 번에 섭취할 수 있는 스튜로 맛있게 영양보충을 시켜 주자.

1. ★의 야채를 1센티미터 깍둑썰기 한다. 순무 잎은 잘게 다진다.
2. 냄비에 버터를 녹이고, 작은 뼈를 제거한 뒤 박력분(분량 외)을 뿌린 연어를 살짝 익힌다. 연어를 꺼내고, 1의 야채를 넣고 볶는다.
3. 2에 물을 넣고 한 번 끓어오르면 불을 줄이고 10분 정도 졸인다.
4. 잘게 찢은 연어와 두부를 넣고 따뜻해지면 갈분을 동량의 물에 녹인 것을 넣고 걸죽하게 농도를 맞춰 준다.

완성된 음식은 식은 다음에 준다.

67

◎ 바삭바삭 식감 좋은 달걀 볼

재료: 녹말가루 35g, 달걀노른자 1개, 콩가루 5g, 꿀 1작은술

콩가루는 단백질이 풍부한 식재료이다. 장을 깨끗하게 해주는 효과도 있다. 콩가루로 간단한 스낵을 만들어 착한 일을 한 강아지에게 상을 주자.

1. 볼에 노른자와 꿀을 넣고 섞는다.
2. 녹말과 콩가루를 넣고 손으로 섞어서 하나로 뭉쳐 준다.
3. 직경 1센티미터 정도로 둥글게 만들고, 호일을 깐 철판에 늘어 놓는다.
4. 예열해 둔 오븐 토스트에서 5~6분 정도 굽는다. 50개 정도가 완성되므로, 하루에 10개 이내로 주자.

◎ 맛 좋고 영양 듬뿍! 바나나와 호박 푸딩

재료: 호박 1/8개, 바나나 1/3개, 꿀 1큰술, 저지방 우유 120cc, 달걀 2개, 무염버터 소량

식물섬유가 풍부하고 속을 든든하게 해주는 호박으로 푸딩을 만들어 주자!

1. 전자레인지나 찜기에 호박을 부드럽게 해서, 껍질을 벗기고 뜨거울 때 체에 내린다. 바나나는 포크로 으깨 준다.
2. 1을 볼에 넣고 달걀 푼 것을 조금씩 넣으면서 섞어 준다. 사람 피부 정도의 온도로 데운 우유와 꿀을 넣고 섞는다.
3. 버터를 바른 푸딩 틀에 2를 붓는다. 뜨거운 물을 부은 철판에 푸딩을 올리고 150도 오븐에서 25~35분 굽는다.

일반적인 푸딩 틀을 사용하면 8개 정도 완성된다. 하루에 1개씩 주도록 한다.

68 생일 축하 스페셜 레시피

◎ 즐거운 생일! 북어와 톳으로 만든 햄버거

재료: 정어리 한 마리, ★(닭고기 다진 것 100g, 건조 비지 1/2큰술, 톳 1큰술, 달걀 푼 것 1/2큰술, 생강 소량), 꼬투리 강낭콩 조금, 푸른 차조기 1장

다이어트 중인 아이도 먹을 수 있는 건강식 햄버거로 생일을 축하해 주자.

1. 불린 북어나 황태를 믹서에 갈아준 뒤 ★을 넣고 섞어서 작은 틀에 성형한다.
2. 꼬투리 강낭콩은 꼭지를 따고 3센티미터 폭으로 자르고 당근 은 잘게 썬다.
3. 프라이팬에 소량의 식용유를 두르고 1의 정어리 버거의 양면 을 구워 준 뒤 물 10cc를 넣고 뚜껑을 덮고, 증기구이를 한다.
4. 3을 접시에 꺼내고 2는 볶아서 부드럽게 해준다.
5. 정어리 버거에 무 간 것과 푸른 차조기 잘게 다진 것을 올리고, 꼬투리 강낭콩과 당근을 곁들여 완성한다.

69 크리스마스 스페셜 레시피

◎ 즐거운 크리스마스의 롤케이크

재료: 박력분 30g, 달걀 1개, 무당 휘핑크림 100g, 딸기 1개, 키위 1/4개, 식용유 조금

크리스마스에는 온 가족이 모여 케이크를 먹는 가정이 많다. 그런데 강아지만 먹지 못하다니 얼마나 가여운가. 강아지도 먹을 수 있는 특별한 케이크를 만들어서 모두 함께 크리스마스를 즐기자.

1. 달걀을 중탕으로 거품을 올리고, 체에 친 박력분을 넣고 자르듯이 섞어 준다.
2. 가볍게 식용유를 바른 프라이팬에 부은 뒤, 위에 호일을 덮고 굽는다.
3. 휘핑크림을 완성된 스펀지에 발라 준다. 그 위에 작게 자른 딸기와 키위를 뿌리고 둥글게 말아 주면 완성!

먹기 쉽게 한입 크기로 잘라 준다. 메리 크리스마스!

 왜 살이 찌는 걸까요?
살이 찌면 어떻게 되죠?

'강아지는 조금 통통한 게 귀여워.'

이렇게 생각하는 주인이 적지 않을 것이다. 실제로 요즘에는 조금 살이 찐 아이가 많다. 그 원인은 주인의 애견에 대한 의식 변화가 크다고 할 수 있다.

예전에는 집을 지키게 하기 위해서 등 강아지에게 역할을 주어 키우던 가정이 대부분이었다. 그러나 지금의 강아지는 소중한 가족의 일원이다. 우리 강아지가 행복해 하는 모습이 보고 싶다고 밥을 주고 간식을 주고 운동에 소홀히 한 결과, 비만견 완성!

분명 음식을 주면 강아지는 기뻐할 테지만, 과식은 반려견의 건강에 해를 끼친다. 비만은 심장에 큰 부담을 줄 뿐 아니라 과도한 체중을 지탱하기 위해 관절에도 부담이 가는 등 마이너스 요소뿐이다. 보이지 않는 곳에서 강아지의 몸은 비명을 지르고 있는 것이다.

뚱뚱해진 강아지를 건강하게 오래 살게 하기 위해서는 어떻게 하면 좋을까. 그건 말할 것도 없이 다이어트다. 강아지는 스스로 컨트롤할 수 없기 때문에 주인이 책임감을 갖고 애견의 건강 관리를 해주어야 한다.

지금부터 애견이 큰 스트레스를 받지 않으면서 무리 없이 다이어트할 수 있는 요령을 소개하려고 하니, 부디 참고하길 바란다.

※ 비만 체크법 - 강아지를 세우고 뒤에 서서, 위에서 몸을 숙인 자세로 갈비뼈에 양손을 대본다. 뼈가 만져지면 괜찮지만 뼈가 잘 느껴지지 않는다면 주의가 필요하다.

70 조금씩 여러 번 나누어 준다

다이어트

뚱뚱한 강아지의 다이어트로 가장 간단한 방법은 식사량을 줄이는 것이다. 그러나 귀여운 우리 아이를 배고프게 하고 싶지 않아… 이건 모든 주인의 공통적인 생각이기도 할 것이다.

애견이 배가 고파서 애절한 표정을 짓게 하는 일 없이 자연스럽게 다이어트를 시키기 위해서는, 사료 주는 방식에 변화를 주는 것이 좋다.

여기서 말하는 변화란 식사량을 줄이지 않고 식사 회수를 늘려 주는 것이다. 식사 횟수는 본래 하루에 몇 번이라고 정해져 있지는 않지만, 성견의 경우 보통 하루에 2번 정도 주는 주인이 많을 것이다.

우선,

1. 하루에 주는 사료의 양을 측정해서 병에 담아 둔다.
2. 병 안의 사료를 평소 하루 2번 주던 가정이라면 3회, 3회를 주던 가정이라면 4회로 나누어 준다.

한 회의 양이 적어도 횟수가 늘어나면 뱃속에 사료가 머무는 시간이 길어진다. 여러 번 나눠서 주면 공복감도 잠잠해질 뿐 아니라 주인 자신도 강아지가 먹고 싶어 하는데 줄 수 없다는 안타까운 마음을 갖지 않아도 된다.

물론 주는 사료의 양은 정해진 하루 분량을 넘어서는 안 된다는 것을 명심할 것!

핸드피드로 교감을 나눈다

앞 페이지에서 하루치의 사료를 몇 번에 나눠 주는 방법을 소개했다. 그와 비슷하지만, 만복감보다 만족감을 훨씬 높이는 방법이 핸드피드이다.

핸드피드란 사람의 손으로 직접 사료를 준다는 의미이다. 기본적으로 강아지는 주인을 좋아하기 때문에 무조건 접시를 들이대는 것보다 직접 손으로 주면 당연히 기뻐한다.

방법은 무척 간단하다. 우선 아침에 정해진 하루 분량의 사료를 전용 그릇에 담아 둔다. 그리고 무언가 칭찬해 줄 일이 생기면 사료를 손에 올리고 조금씩 주는 것이다.

하루 한 번의 식사량은 적지만 주인이 직접 줌으로써 만족감도 상승하고 스트레스를 덜 받는다. 그렇게 여러 번에 걸쳐 나누어 주게 되면 사료가 위장 안에 남아 있는 시간이 길어지는 만큼 배고픔을 느끼는 일도 줄어든다.

또한 핸드피드의 연장으로 주인이 사료를 한쪽 손안에 감추고 주먹 쥔 양손을 내미는 '어느 쪽에 들어있을까 게임'을 하는 것도 좋다. 맞추면 칭찬하고 사료를 준다. 주는 사람을 두 명으로 해서 난이도를 올려도 재미있다.

다이어트 효과만이 아니라, 주인과 애견의 교감도 늘어나고 정도 끈끈해질 거라 확신한다.

72 사료를 줄이고 저칼로리 토핑을 더한다

매일 밥을 먹는 시간은 강아지에게 있어서 행복한 시간이다. 특히 먹보 강아지는 후다닥 사료를 먹어치우고 '모자라요' '좀 더 주세요'라고 눈을 반짝반짝 빛내며 호소하고는 할 것이다.

그러나 그런 유혹에 넘어가서 사료를 더 주다 보면 비만 견이 되는 건 시간문제다. 그러면 이런 먹보 강아지를 어떻게 하면 적정 분량으로 만족시킬 수 있을까.

이건 총 칼로리를 넘지 않도록 사료 양을 살짝 줄이고, 저칼로리 토핑을 추가해줌으로써 해소할 수 있다. 방법은 사료에 기재된 하루 분량 중 총 10%를 야채나 저칼로리 식품으로 바꾸는 것이다. 예를 들면 사료 양이 1컵(200g)이라면, 대체할 분량은 약 20g이 된다.

토핑으로는 고구마, 호박, 무 등의 야채 이외에 다시마, 미역 등 해조류도 좋다. 이것들은 식물섬유가 풍부한 식품이기 때문에 강아지들의 장에도 도움이 된다. 또 고단백에 저지방인 대구나 닭 가슴살을 잘게 찢은 것도 좋다. 항산화작용이 있고 씹는 맛도 즐길 수 있는 브로콜리나 당근, 양배추 등도 강아지가 좋아할 것이다.

그리고 야채는 칼로리 계산에 넣지 않아도 되므로 조금 넉넉히 넣어도 좋다. 야채를 비롯해 고기와 생선도 기본은 삶아서 주는 것이지만 씹는 맛이 남도록 조금 단단한 정도로 삶아서 주면 만족도가 더욱 높아진다.

이 방법이라면 먹보 강아지도 스트레스를 받지 않고 편안하게 다이어트할 수 있을 것이다.

저칼로리 사료에
익숙해지게 하려면?

이제까지는 주는 횟수를 늘려서 공복감을 느끼지 않게 하는 방법, 총 칼로리는 바꾸지 않고 토핑을 더해 만족감을 상승시키는 요령 등을 소개했다.

하지만 이것들은 주로 더 이상 살찌기 않게 하기 위한 방법이다. 본격적인 다이어트를 하려면 아무래도 칼로리를 줄이지 않을 수 없다.

그렇지만 양이 줄면 금세 배가 고파지는 것이 당연하다. 그렇게 되지 않도록 하기 위해서는 섭취 칼로리를 줄여도 먹는 양은 줄이지 않는 것이 중요하다. 이런 경우, 저칼로리 사료를 주는 것도 하나의 방법이다.

저칼로리 사료란 일반 사료보다 칼로리가 낮게 만들어진 사료이다. 종류에 따라 칼로리 수치도 다양하기 때문에, 우선 동물병원에 가서 상담을 받도록 하자. 애견에게 최적의 다이어트법을 지도해 줄 것이다.

그렇게 해서 애견에게 맞는 저칼로리 사료만 구입하면 걱정 끝! …이라고 생각하겠지만 그렇지 않다. 강아지 중에는 저칼로리 사료의 맛에 적응하지 못하고 단식투쟁을 하는 아이도 많기 때문이다.

그러면 어떻게 하면 좋을까? 갑자기 사료를 통째로 바꾸지 말고, 지금까지 먹어 왔던 사료에 조금씩 섞어서 주면서 천천히 그 비율을 늘려 가면 된다.

하루째에 10%, 이틀째에 30%… 이런 식으로 일주일에 걸쳐서 천천히 바꿔 가는 것이 좋다.

74 장난감 콩을 사용해 천천히 먹게 한다

살집이 있는 강아지는 대개 먹보다. 먹는 것에 대한 의지가 강하고 사료를 접시에 담아 주면 순식간에 먹어치워 버린다. 마치 빨리 먹기 대회 선수처럼!

사람도 빨리 먹으면 중추신경에 미처 신호가 전달되지 못해서 좀처럼 포만감을 느끼지 못한다. 그 결과 자기도 모르게 적정선을 넘어 과식을 하고 마는 것이다.

옛날 옛적 강아지가 야생동물이었을 때는 일어나 있는 시간의 대부분을 사냥을 하며 보냈다. 여기저기 달리고 수확물과 격투를 하고, 잡은 후에는 뼈나 고기를 갈기갈기 뜯어서 시간을 들여 먹는다. 즉 격렬한 운동과 느긋한 식사가 만족감과 포만감으로 이어졌던 것이다.

그런데 지금은 시간이 되면 주인이 밥을 주기 때문에 전혀 움직일 필요가 없다. 게다가 먹기 좋게 되어 있는 사료는 꼭꼭 씹어 먹을 필요가 없기 때문에 먹은 기분이 들지 않는 것도 당연하다.

이런 비만 견들이 최대한 오랫동안 천천히 식사를 하게 하는데 활용할 수 있는 것이 바로 트레이닝용 장난감인 콩이다. 콩은 고무 소재의 교육용 장난감 중 하나로 안에 빈 공간이 있는 독특한 형태를 하고 있다. 그 안에 사료를 넣어 주면 되는데 여기저기 굴러다니기 때문에 사료를 쉽게 먹을 수 없다.

속 안에 든 것을 꺼내려면 어떻게 하면 좋을지 궁리하면서 밥을 먹기 때문에 먹는 속도도 느긋해질 수밖에 없다. 이렇게 충분히 시간을 들여 밥을 먹으면 중추신경이 자극되어 먹고 난 후의 아쉬움도 줄어든다. 또한 사냥과 비슷한 성취감도 조금 느낄 수 있기 때문에 정신적으로도 만족할 수 있다.

간식으로는
무엇을 줘야 할까?

주인이라면 누구나 자신의 강아지를 가장 예뻐하고 사랑한다. 그런 귀여운 아이가 '간식 주세요'라고 고개를 갸우뚱해 보이면 나도 모르게 마음이 약해지고 만다.

그러나 그 결과 기다리고 있는 것은 돼지가 된 멍멍이! 당황해서 식사를 제한하기 시작하고, 지금까지 주던 간식을 끊어야겠다고 생각하겠지만, 습관이 되어 있던 것을 갑자기 끊는 것은 강아지에게 스트레스가 된다. 그러니 간식을 없애지 말고 메뉴를 바꾸도록 하자.

치즈나 저키 등 지방이 많은 간식을 주던 경우는 식물섬유가 풍부한 야채류로 바꿔 준다. 강아지의 장은 식물섬유 소화에 적합하게 만들어져 있지 않아서, 야채의 섬유는 위 안에서 장시간 머문다. 즉 위에 오래 머무르기 때문에 조금만 주어도 만족감을 얻을 수 있다. 또한 장벽을 자극시켜 주기 때문에 변비 예방으로도 이어진다.

식물섬유가 풍부한 야채 중에 단단하게 데친 브로콜리나 양배추 심, 무 등은 식감을 즐길 수 있기 때문에 좋아하는 아이가 많다. 또한 시중에 판매하는 무염의 말린 멸치도 칼슘이 많고 칼로리도 낮기 때문에 추천 식재료 중 하나다.

매일 노력한 상으로 한 달에 한 번 정도는 좋아하는 저키를 줘도 좋다. 다만 주의해야 할 것은 주는 방법이다. 통째로 하나를 주는 것이 아니라 1센티미터 정도로 잘라서 여러 번에 나눠서 준다. 시간을 들여서 주는 편이 효과를 더 극대화할 수 있다.

물론, 강아지에게 있어 최고의 상이자 다이어트의 명약은 주인과 함께하는 즐거운 산책이라는 것을 잊지 말자.